北大社 "十三五"职业教育规划教材

高职高专机电专业"互联网+"创新规划教材

机械制图习题集

主　编　陈世芳

副主编　诸进才　张菊红　李兆飞　李晓娟

内 容 简 介

本书将传统工程制图知识与计算机绘图知识有机融合，以机械制图知识为主线，将计算机绘图作为一种绘图方式，构建新的课程体系，以符合高校制图课程和工程图学学科发展的要求。针对高等职业教育培养应用型人才、重在实践能力的特点，本书以掌握概念、强化应用、培养技能作为编写宗旨，注重培养学生的读图和绘图能力，以及计算机绘图的应用能力，并力求内容简明、精练。

本书可作为高职高专、成人高等教育机械类和近机类专业的教材使用，也可供有关工程技术人员参考使用。

图书在版编目(CIP)数据

机械制图习题集/陈世芳主编. —北京：北京大学出版社，2016.8
（高职高专机电专业"互联网+"创新规划教材）
ISBN 978-7-301-27233-6

Ⅰ. ①机… Ⅱ. ①陈… Ⅲ. ①机械制图—高等职业教育—习题集 Ⅳ. ①TH126-44

中国版本图书馆 CIP 数据核字（2016）第 144652 号

书　　　名	机械制图习题集 Jixie Zhitu Xitiji
著作责任者	陈世芳　主编
策划编辑	刘晓东
责任编辑	黄红珍
数字编辑	刘志秀
标准书号	ISBN 978-7-301-27233-6
出版发行	北京大学出版社
地　　　址	北京市海淀区成府路 205 号　100871
网　　　址	http://www.pup.cn　新浪微博：@北京大学出版社
电子信箱	pup_6@163.com
电　　　话	邮购部 010-62752015　发行部 010-62750672　编辑部 010-62750667
印　刷　者	三河市博文印刷有限公司
经　销　者	新华书店
	787 毫米×1092 毫米　16 开本　17.5 印张　210 千字 2016 年 8 月第 1 版　2021 年 6 月第 6 次印刷
定　　　价	38.00 元

未经许可，不得以任何方式复制或抄袭本书之部分或全部内容。
版权所有，侵权必究
举报电话：010-62752024　电子信箱：fd@pup.pku.edu.cn
图书如有印装质量问题，请与出版部联系，电话：010-62756370

前 言

本习题集为陈世芳主编《机械制图》的配套习题集，各章节顺序、内容与教材完全一致。

本习题集根据高等职业院校机械类专业就业岗位群对应的职业能力的要求，以培养学生看图能力，手工绘图、徒手绘图、计算机绘图能力为主要目标进行编写。本习题集具有如下特点：

（1）本习题集在选题时主要依据教材上的例题，尽量选择具有典型性、代表性的习题。本习题集题型新颖多样，题量和难度比较适中，题量主要与所应掌握的内容的重要性有关，越是重要的章节习题越多。每章节习题基本上按从易到难的顺序进行编排，供学生选用。

（2）本习题集包含了教材中手工绘图和计算机绘图的相关练习，另外还配有一定量徒手绘图练习。为了方便学生用计算机完成部分作业，提供了配套的 DWG 文件供学习者和教师下载。

（3）本习题集采用最新的国家标准绘制，图形清晰标准。

（4）本习题集附广东省计算机辅助设计中、高级绘图员技能鉴定（简称 CAD 中、高级证）的样题。如果只是考取 CAD 中级证，只需完成本习题集的中等难度的习题（第 11 章三维绘图部分习题可选择不做）；如果需考取 CAD 高级证，则需完成本习题集中较难部分的习题，且第 11 章的内容也必须掌握。

（5）对于机械类专业还另外安排了 1~2 周的制图测绘，因此零件图部分未安排零件表达方案选择的相关习题，选择表达方案的能力的培养放在测绘环节。

针对课程特点，为了使学生理加直观地理解，也方便教学教学讲解，我们以"互联网+教材"的模式开发了与本书配套的手机 APP 客户端"巧课力"。读者可通过扫描封二中所附的二维码进行手机 APP 下载。"巧课力"通过 VR 虚拟现实技术和 AR 增强现实技术，将书中的一些结构图转化成可 720°旋转、可无限放大、缩小的三维模型。读者打开"巧课力"APP 客户端之后，将摄像头对准"切口"带有色块或"互联网+"logo 的页面，即可在手机上多角度、任意大小、交互式地查看页面结构图所对应的三维模型。除虚拟现实的三维模型技术之外，本书还紧跟信息时代的步伐，以"互联网+"思维在相关知识点的旁边通过二维码的形式增加了一些视频、动画、图文等资源，读者可以通过手机的"扫一扫"功能，扫描书中的二维码来阅读更多的学习资料。

本习题集主要适用于高等职业技术院校、高等专科学校及成人高等院校机械类或近机械类各专业的制图教学，也可供参加广东省工程图学会 CAD 中、高级证考试的人员使用。

本习题集编、审人员均来自教学一线，具有丰富的制图课程教学经验。本习题集由陈世芳担任主编， 李晓娟老师编写了第 1、

2章，李兆飞老师编写了第3、4章，张菊红老师编写第5、6章，诸进才老师编写了第7、8章，张菊红老师还负责了第3至第6章三维实体的制作，其余由陈世芳老师完成。本习题集作为广东省一流高职院校建设的资助成果及广州市第三批特色学院—轨道装备制造学院建设的资助成果，本书在编写过程中，得到了广州铁路职业技术学院、广州鸿辉电工机械有限公司、广州铁道车辆厂的大力支持，在此表示诚挚的谢意。

限于编者水平有限，本习题集难免存在错漏之处，恳请读者批评指定。

下载素材

编　者

2016年3月

目　　录

第1章　绘图的基本知识与技能 1

第2章　计算机绘制平面图形 9

第3章　正投影法与三视图 16

第4章　基本体及其表面交线 29

第5章　轴测图 40

第6章　绘制和识读组合体的视图 43

第7章　机件的表达方法 60

第8章　标准件和常用件 84

第9章　零件图 92

第10章　装配图 98

第11章　三维绘图基础 113

计算机辅助设计绘图员(中级)技能鉴定试题(机械类) 126

计算机辅助设计高级绘图员技能鉴定试题B(第一卷) 130

计算机辅助设计高级绘图员技能鉴定试题B(第二卷) 133

参考文献 137

第1章　绘图的基本知识与技能

1-1　字体练习

横平竖直字体端正笔画清楚排列整齐均匀

倒角圆角技术要求未注公差锥销孔配作热处理锐边倒棱

ABCDEFGHIJKLMNOPQRSTUVWXY

Zabcdefghijkmnopqrstuvw∅

参考答案

班级＿＿＿＿＿　姓名＿＿＿＿＿　学号＿＿＿＿＿

第1章 绘图的基本知识与技能

1-2 线型练习

在指定位置处,照样画出并补全各种图线和图形。

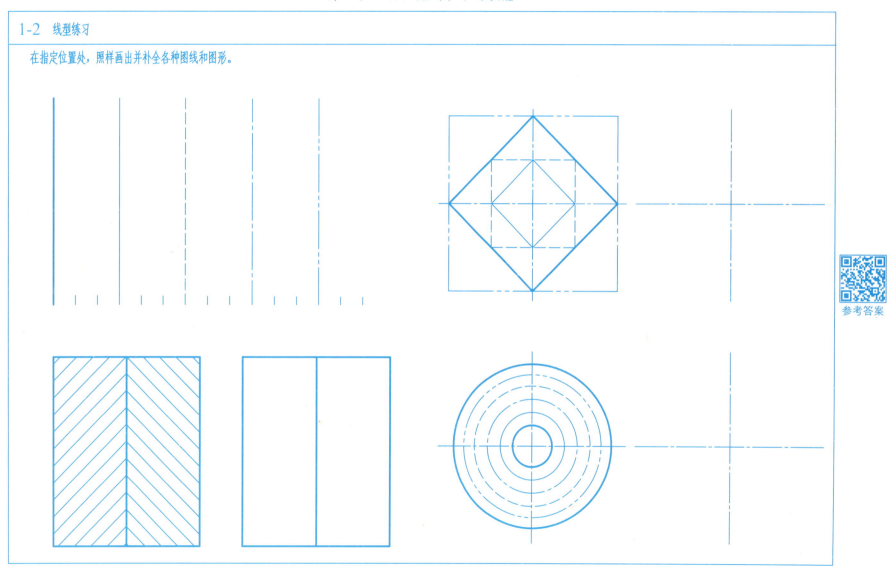

第1章 绘图的基本知识与技能

1-2 线型练习

1. 作业要求

   按1:1的比例,在A4图纸上抄画右图所示的图形。

2. 作业目的

   (1) 熟悉主要线型的画法。

   (2) 练习绘图工具和绘图仪器的使用。

   (3) 熟悉图框和标题栏的画法及标题栏的填写。

3. 绘图步骤

   1) 画底稿(用H或2H铅笔)

   (1) 按A4纸竖放留装订边画图框。

   (2) 在图纸右下角,按教材上所推荐的学生作业标题栏样式画标题栏。

   (3) 找到图纸有效幅面的中心处画图中的圆的中心线(画作图基准线),保证图形布置在图纸的正中间。

   (4) 根据图形所给的尺寸画底稿。

   (5) 校对底稿,并擦去多余作图线。

   2) 加深(粗实线及粗实线圆用2B铅笔,其他图线用HB铅笔)

   按先曲后直、先粗后细、先上后下、先左后右的原则加深各种线型。

   3) 填写标题栏(字体采用长仿宋字)

   图样名称填写线型练习。

4. 注意事项

   (1) 各种图线要符合国家标准的规定。粗实线的宽度是其他图线的两倍,可采用0.5mm或0.7mm。

   (2) 下方矩形框中的斜线为45°的细实线,间隔要均匀。

   (3) 先削好铅笔再作图,作图要细致耐心,图面要整洁。

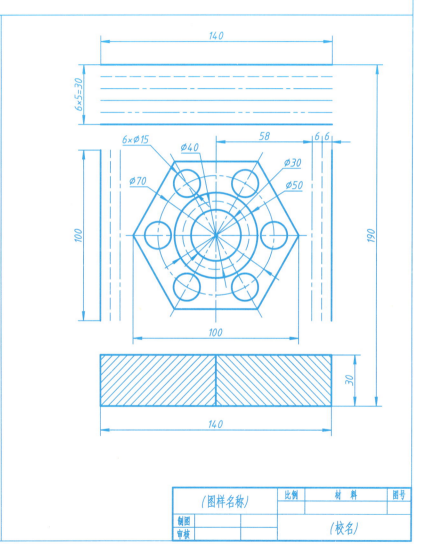

班级_____ 姓名_____ 学号_____

第1章 绘图的基本知识与技能

1-3 尺寸注法

1. 标注下图的尺寸,尺寸从图中量取并取整数。

(1)

(2)

2. 检查图中的尺寸标注,按正确注法标在下面的图中。

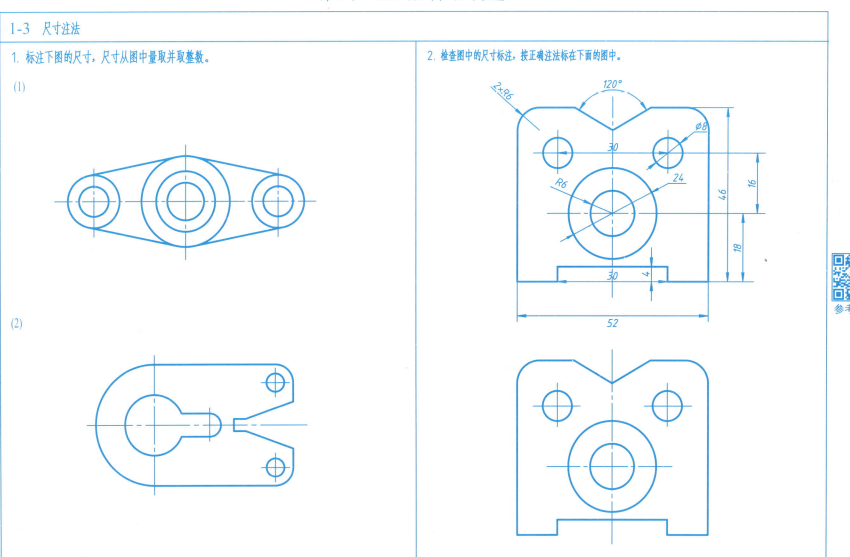

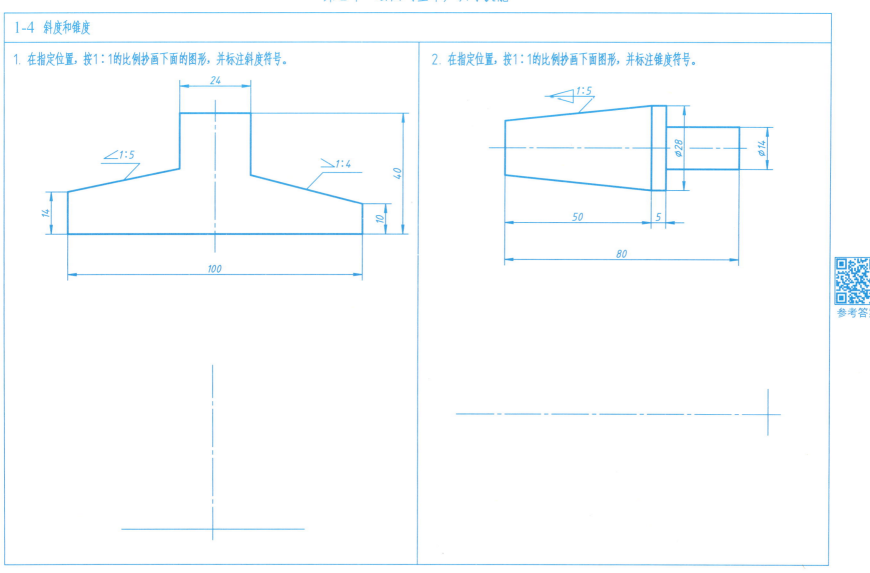

第1章 绘图的基本知识与技能

1-5 按1:1的比例抄画图形

(1)

(2)

第1章 绘图的基本知识与技能

1-6 用A4图纸抄画平面图形

(1)　　　　　　　　　　　　　　　(2)

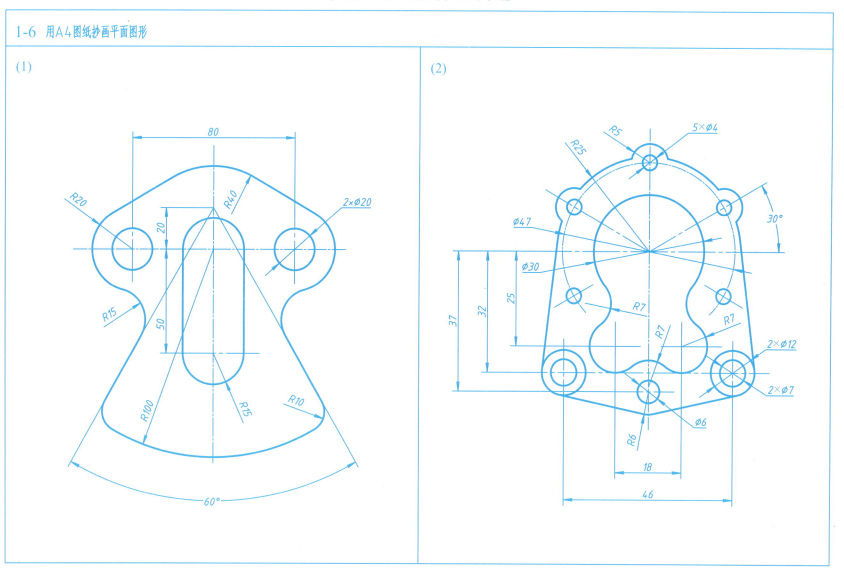

第1章 绘图的基本知识与技能

1-6 用A4图纸抄画平面图形

(3)

(4)

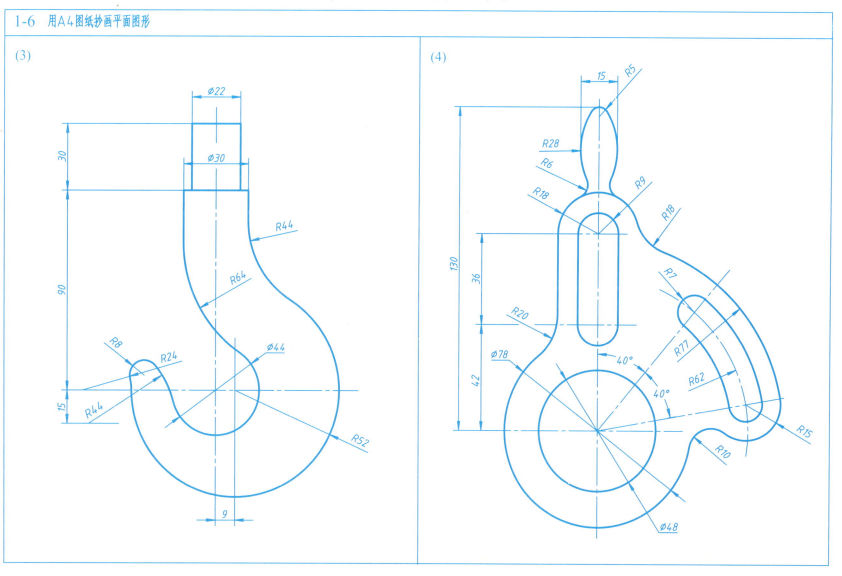

第2章　计算机绘制平面图形

2-1　基本设置

1. 按以下规定设置图层及线型，并设定线型比例为0.4，粗实线线宽为0.5。

图层名称	颜色（颜色号）	线　型	用　途
01	白(7)	Continuous	粗实线
02	绿(3)	Continuous	细实线
04	黄(2)	ACAD_ISO02W100	细虚线
05	红(1)	ACAD_ISO04W100	细点画线
07	洋红(6)	ACAD_ISO05W100	双点画线
08	绿(3)	Continuous	尺寸标注、投影连线
09	绿(3)	Continuous	零件序号
10	绿(3)	Continuous	剖面符号及剖面线
11	绿(3)	Continuous	文本、技术要求

2. 按1:1的比例设置A3图幅(横装)一张，留装订边，画出图纸边界线及图框线。
3. 按国家标准的有关规定设置文字样式(样式名为"机械样式"，包含"gbeitc.shx"和"gbcbig.shx"字体)，然后画出如下图所示的标题栏，并填写各栏内容，不标注尺寸。

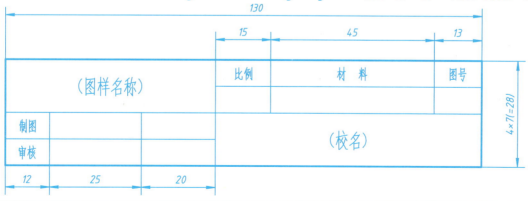

班级_____　姓名_____　学号_____

第2章 计算机绘制平面图形

2-2 抄画图形

(1)

(2)

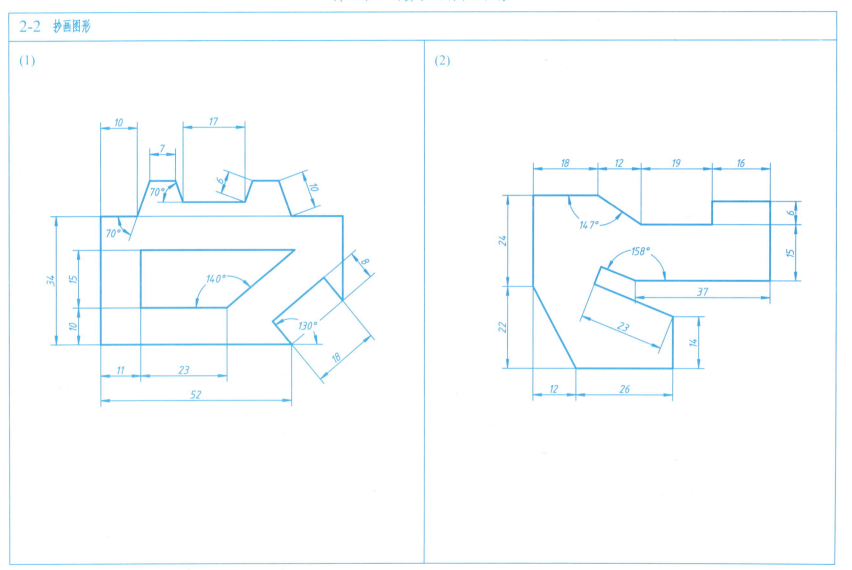

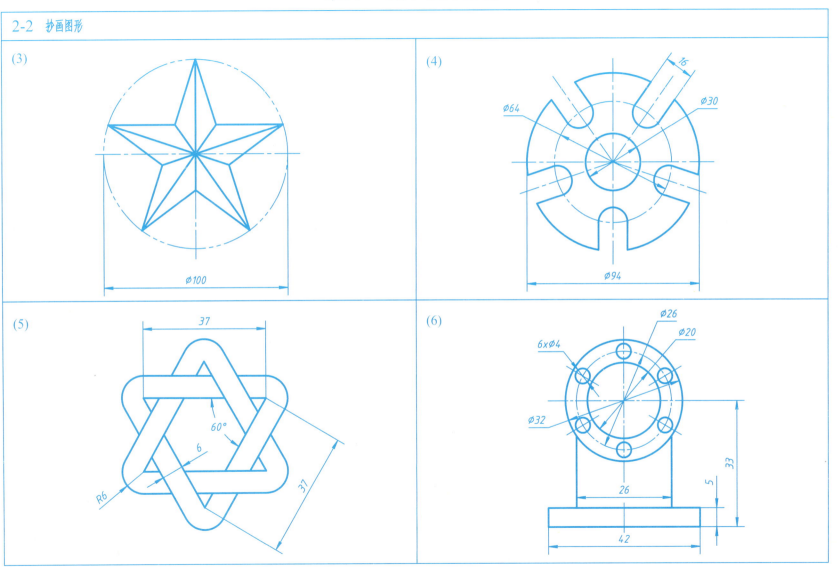

第2章 计算机绘制平面图形

2-2 抄画图形

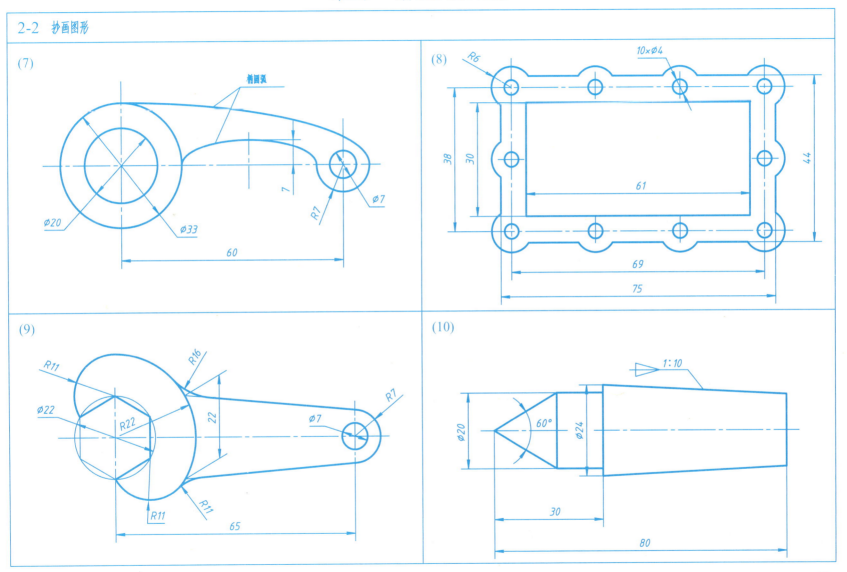

第2章 计算机绘制平面图形

2-2 抄画图形

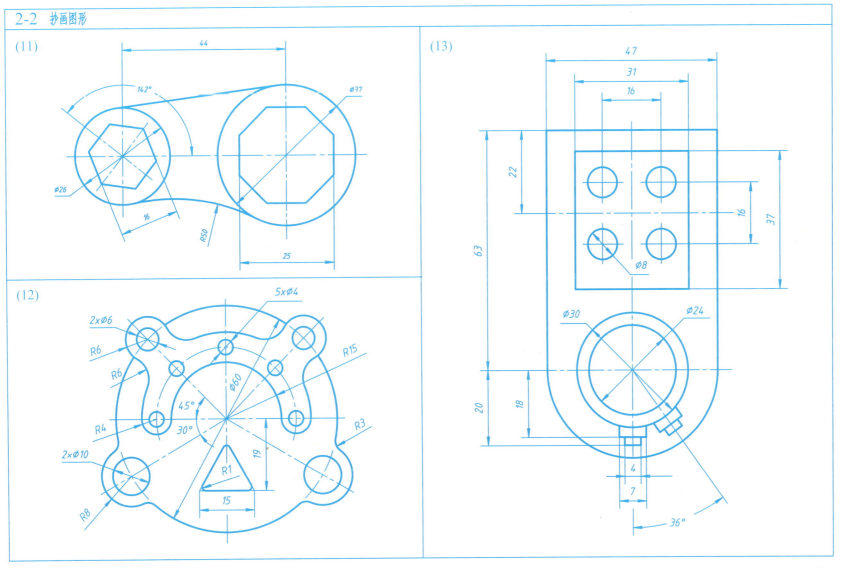

第2章 计算机绘制平面图形

2-2 抄画图形

(14)

(15)

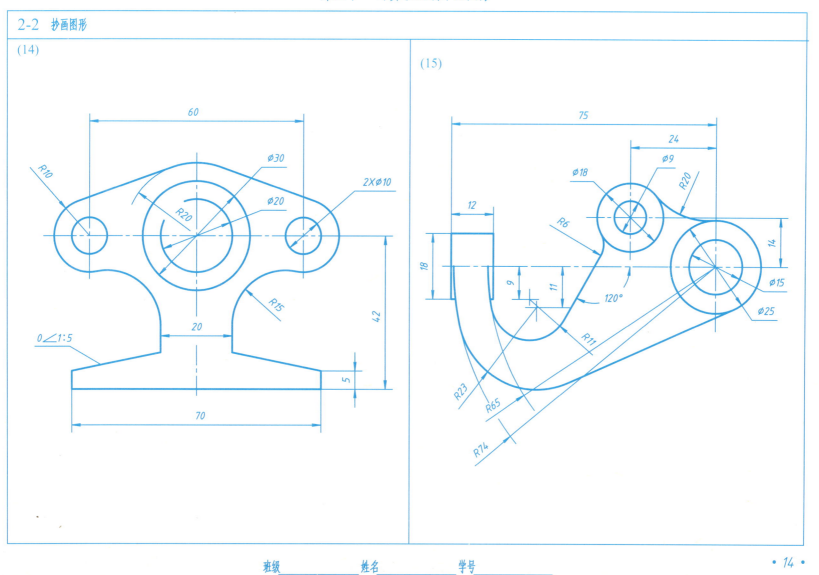

第2章 计算机绘制平面图形

2-2 抄画图形

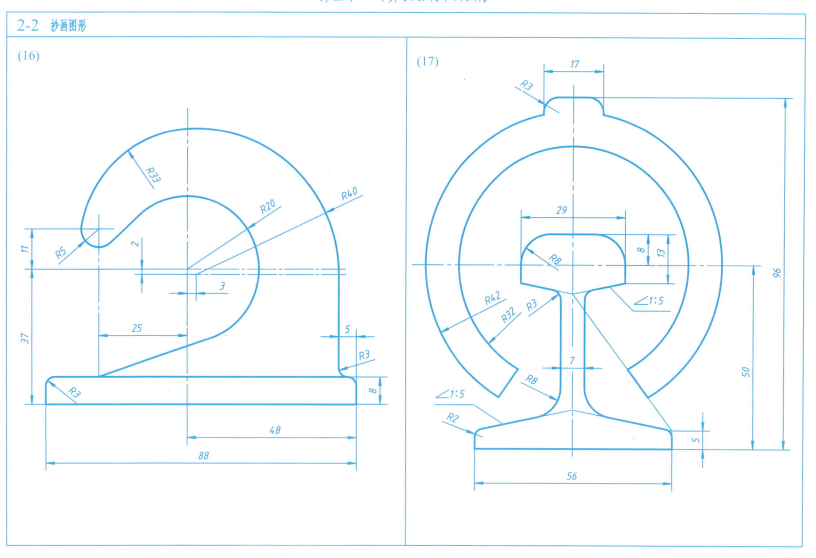

第3章 正投影法与三视图

3-1 分析三视图，辨认其对应的立体图，并在括号内填入三视图的编号

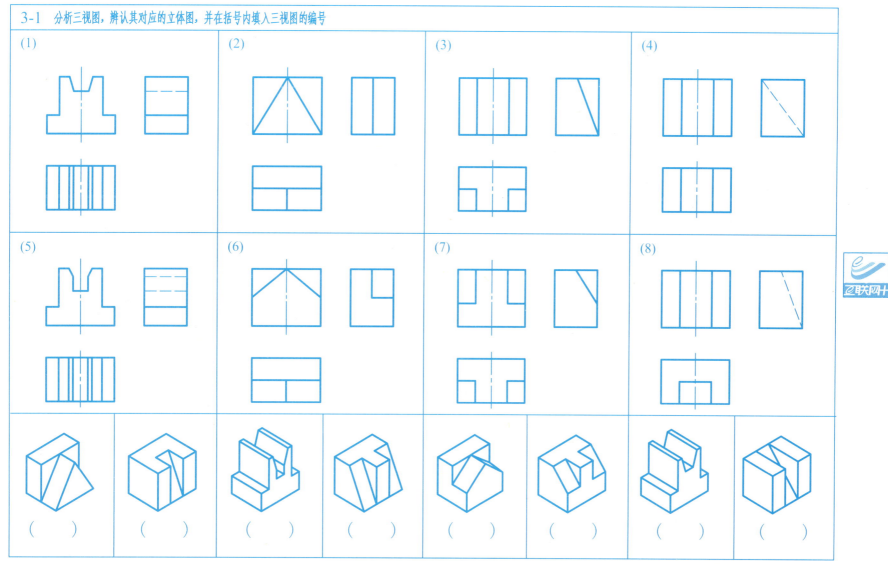

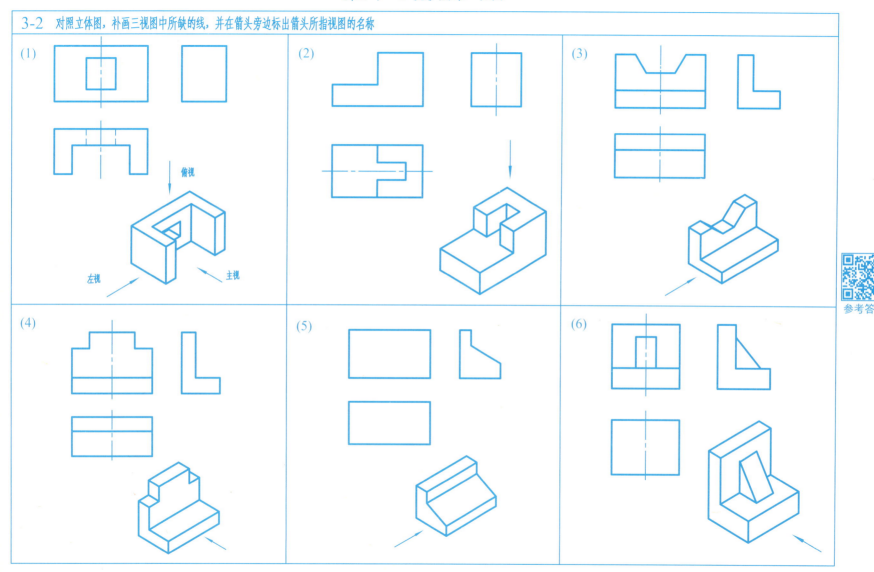

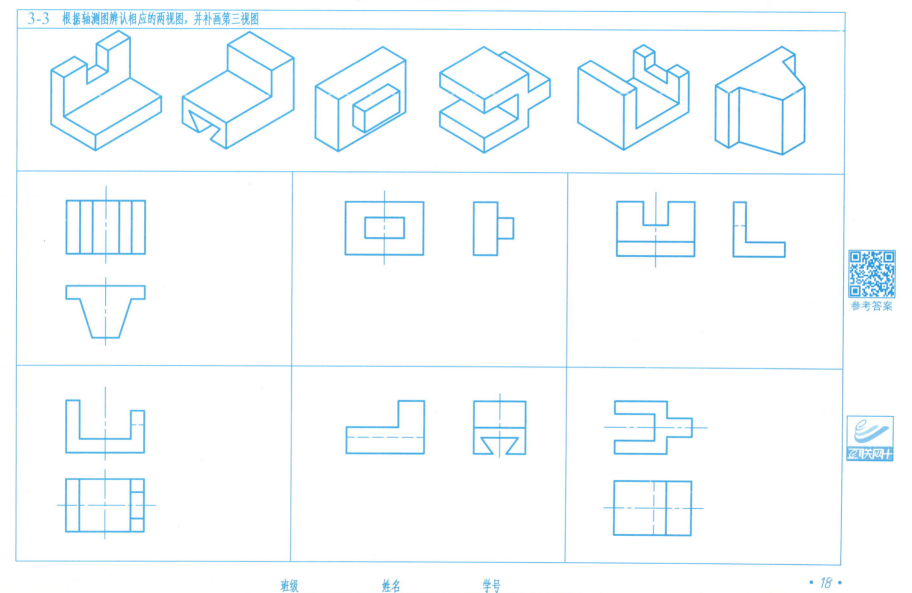

第3章 正投影法与三视图

3-4 徒手绘制立体的三视图

(1)

(2)

(3)

(4)

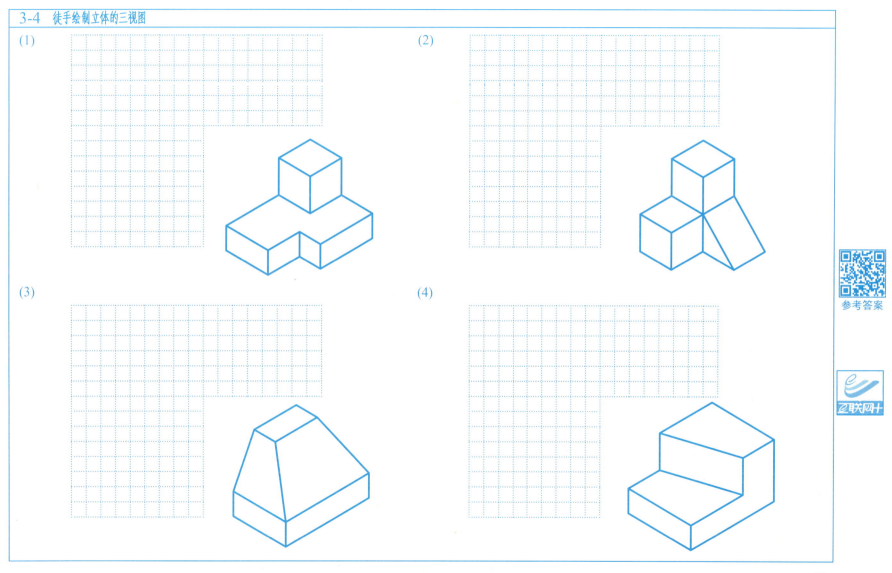

第3章 正投影法与三视图

3-4 徒手绘制立体的三视图

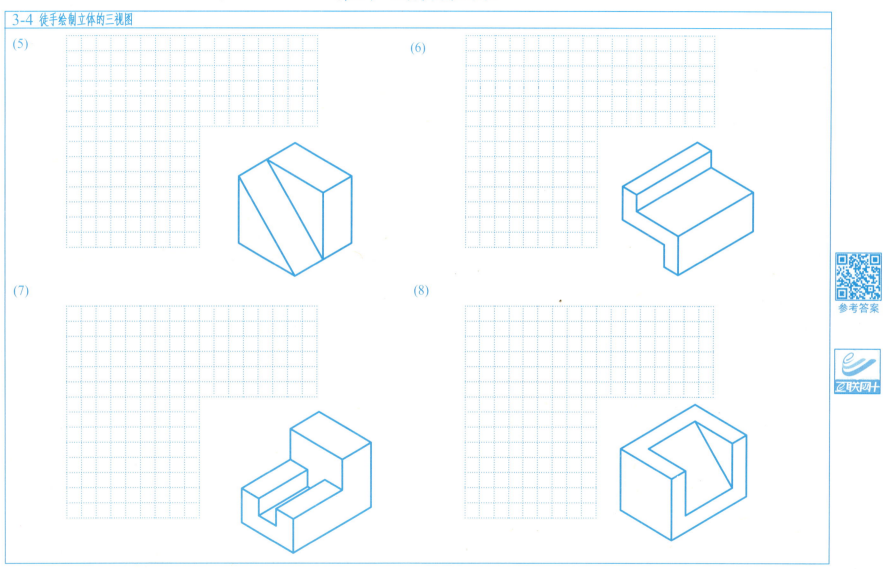

(5)　(6)　(7)　(8)

第3章 正投影法与三视图

3-4 徒手绘制立体的三视图

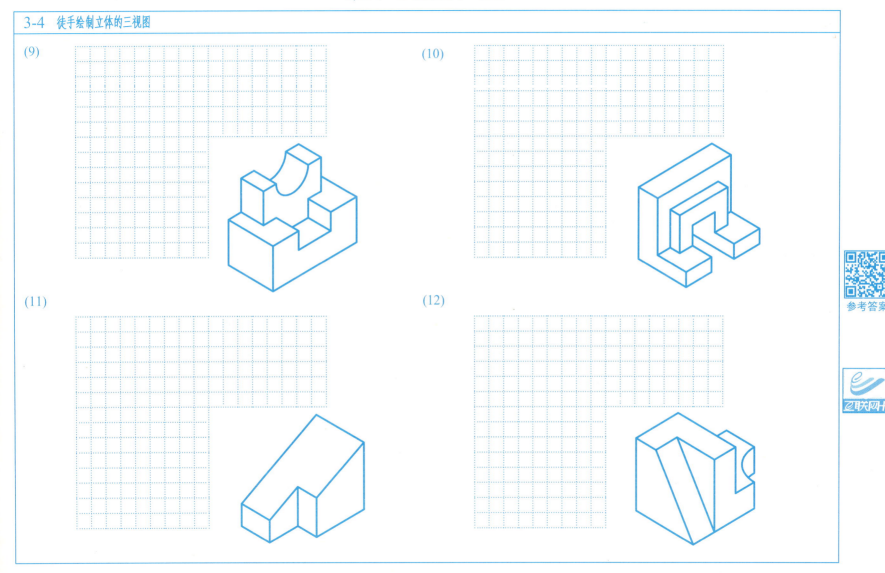

第3章 正投影法与三视图

3-4 徒手绘制立体的三视图

(13) (14) (15) (16)

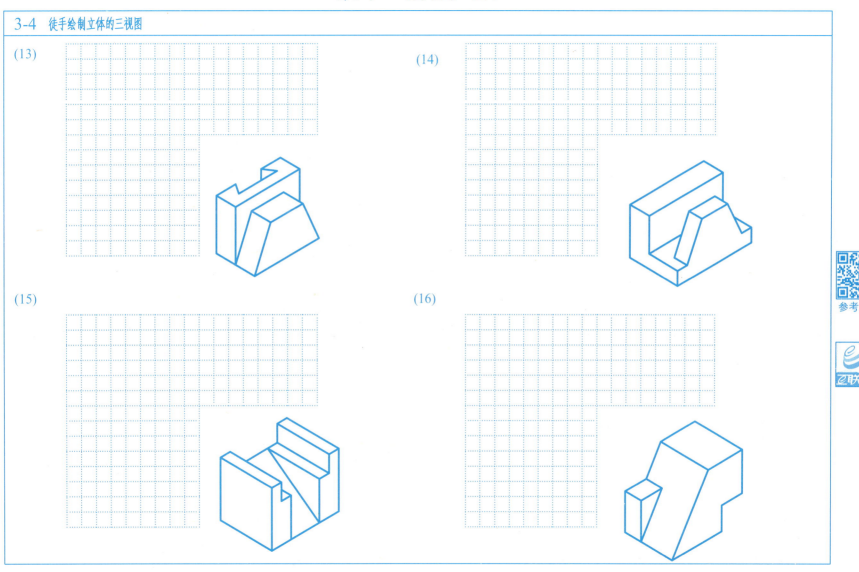

班级_____ 姓名_____ 学号_____

第3章 正投影法与三视图

3-5 点的投影

1. 在三视图中标出点 A、B、C 的三面投影。

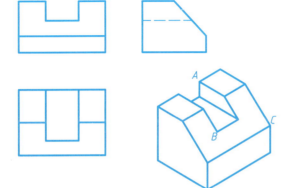

2. 在三视图中，标出轴测图中点 A、B、C 的投影，并补画出视图中的缺线。

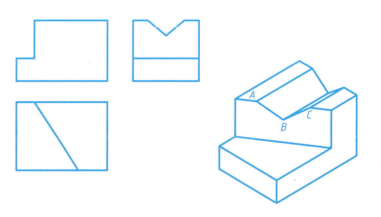

3. 已知点 A 的坐标为 (10, 15, 20)，求作它的三面投影。

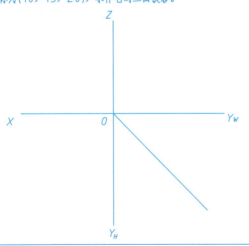

4. 已知 A、B 两点的一个投影和 A 点距 V 面 20mm，B 点 Z 坐标为 0，求作 A、B 两点的另两个投影。

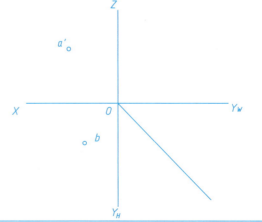

第3章 正投影法与三视图

3-5 点的投影

5. 由A点的直观图，绘制A点的三面投影图，并写出A点的坐标（值从图中量取，并取整数）。

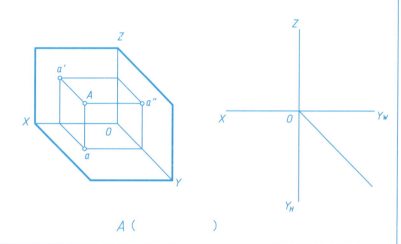

A（   ）

6. 由A点的投影图，绘制A点的直观图。

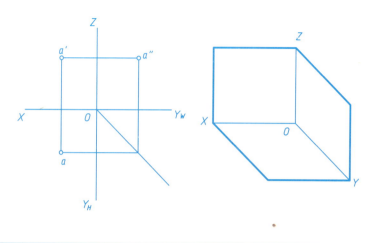

7. 已知A点的两面投影求其第三面投影；B点在A点上方5，右方15，前方10，求其三面投影图。

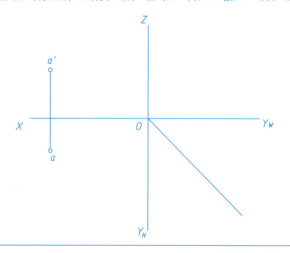

8. 已知A、B点的两面投影求其第三面投影，判断A、B的空间位置并填空。

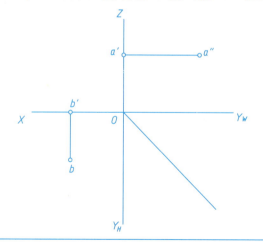

A点在B点（上方、下方）

A点在B点（前方、后方）

A点在B点（左方、右方）

A点在_____

B点在_____

第3章 正投影法与三视图

3-6 直线的投影

1. 已知直线的两面投影求其第三面投影,并判断直线的空间位置。

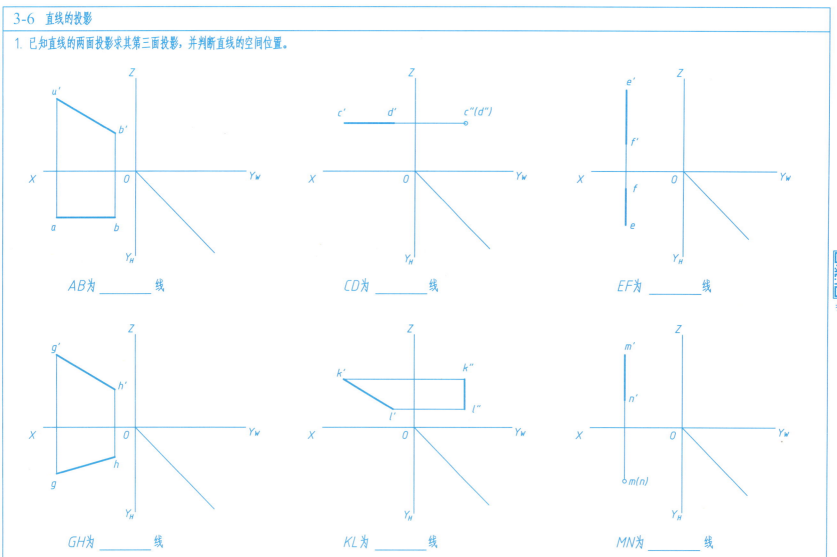

AB为_____线　　　CD为_____线　　　EF为_____线

GH为_____线　　　KL为_____线　　　MN为_____线

第3章 正投影法与三视图

3-6 直线的投影

2. 判断直线的相对位置。

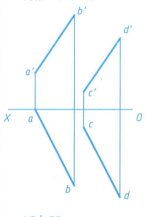 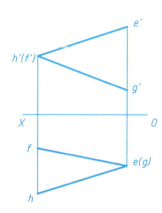 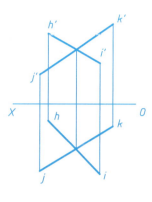 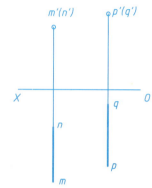 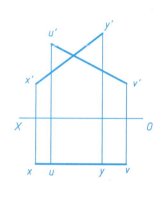

AB与CD_____； EF与GH_____； HI与JK_____； MN与PQ_____； UV与XY_____。

3. 在线段AB上求作E点的投影，已知E点距离H面12mm。

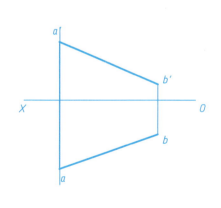

4. 试作一直线MN平行于直线AB且与直线CD、EF相交。

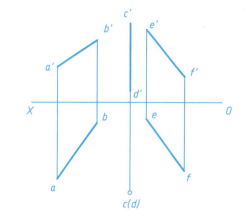

5. 由点A作直线AB与CD相交，交点B距离V面10mm。

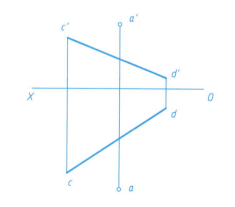

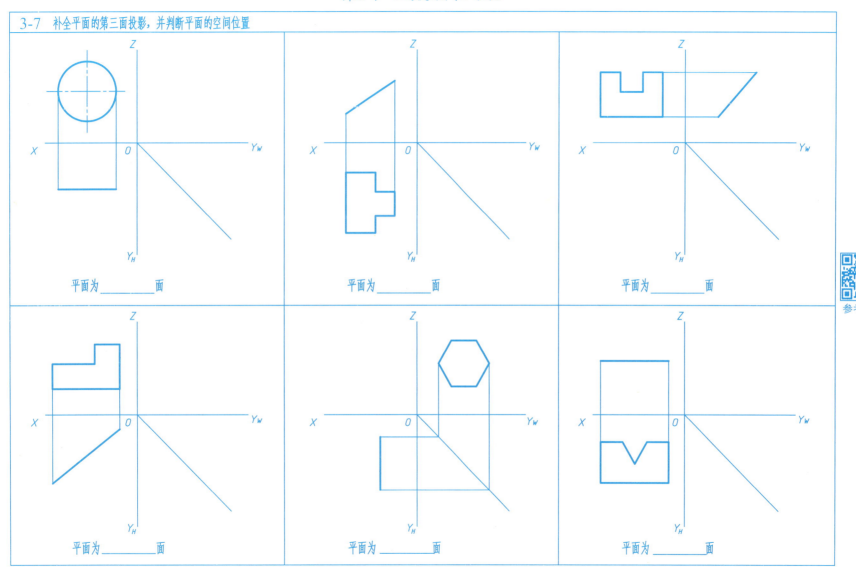

第3章 正投影法与三视图

3-8 平面的投影

1. 在三视图中标出直线CD和平面P、Q的投影，补全直线AB的其他两面投影，并在立体图中标出直线AB的位置。

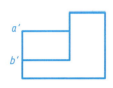

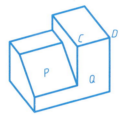

2. 在三视图中标出直线CD和平面P、Q的投影，补全直线AB的其他两面投影，并在立体图中标出直线AB的位置。

3. 试判断K点是否在平面ABC上。

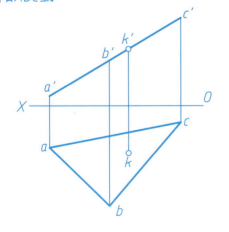

4. 试判断直线DE是否在平面ABC上。

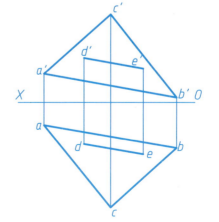

第4章 基本体及其表面交线

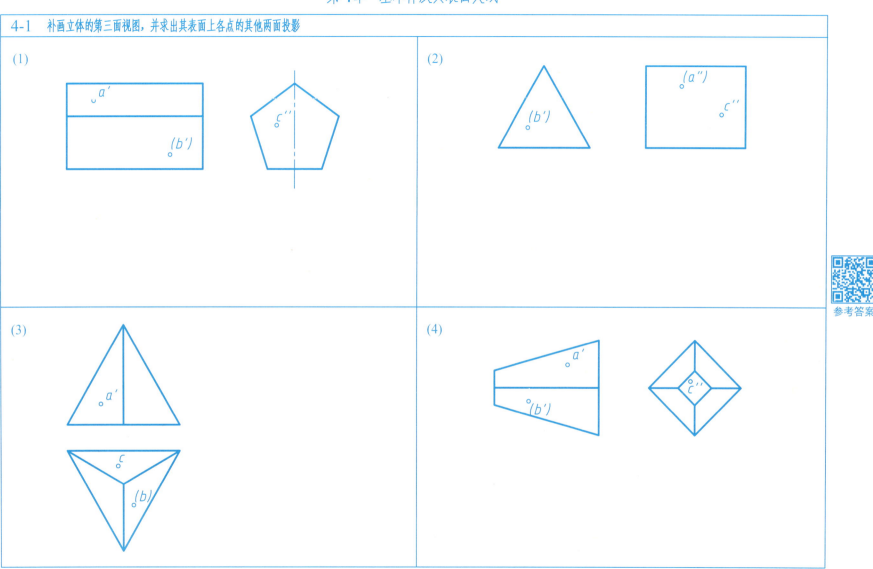

第4章 基本体及其表面交线

4-1 补画立体的第三面视图,并求出其表面上各点的其他两面投影

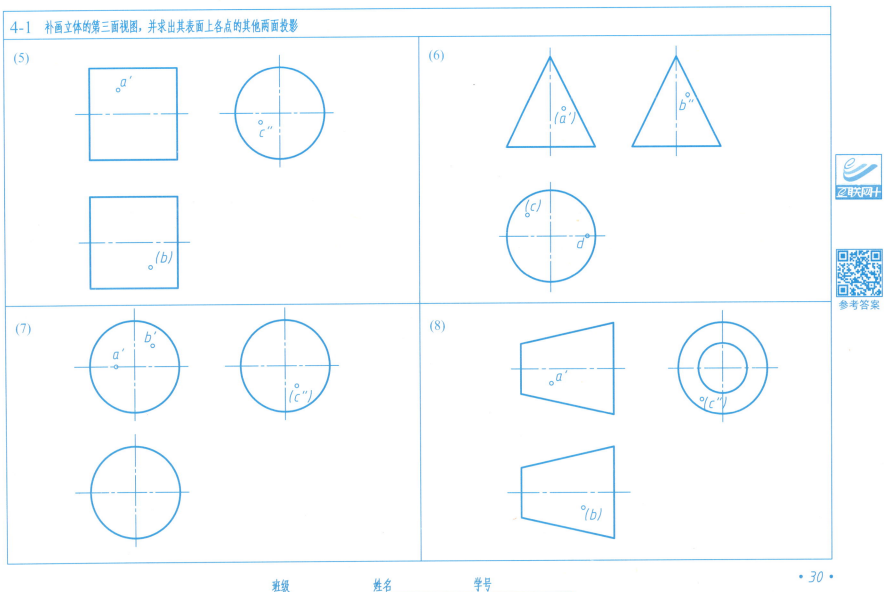

第4章 基本体及其表面交线

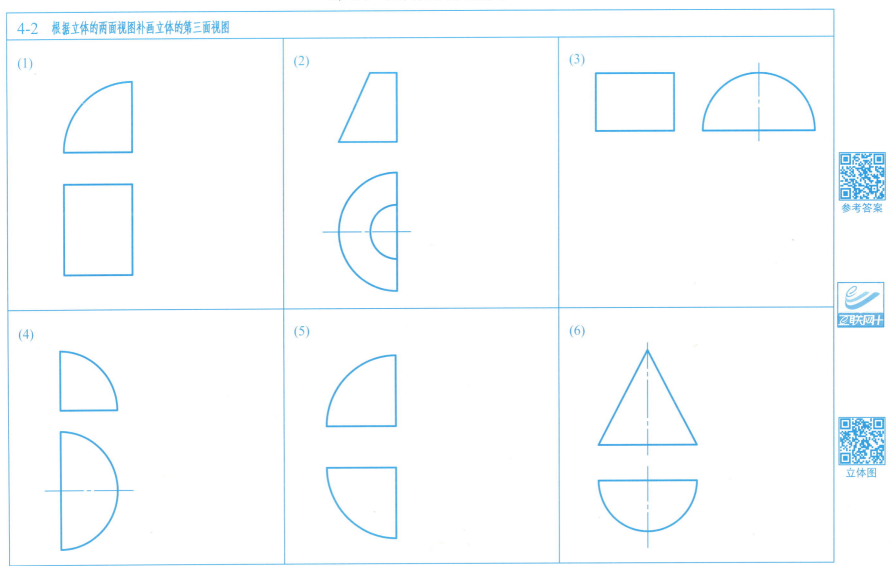

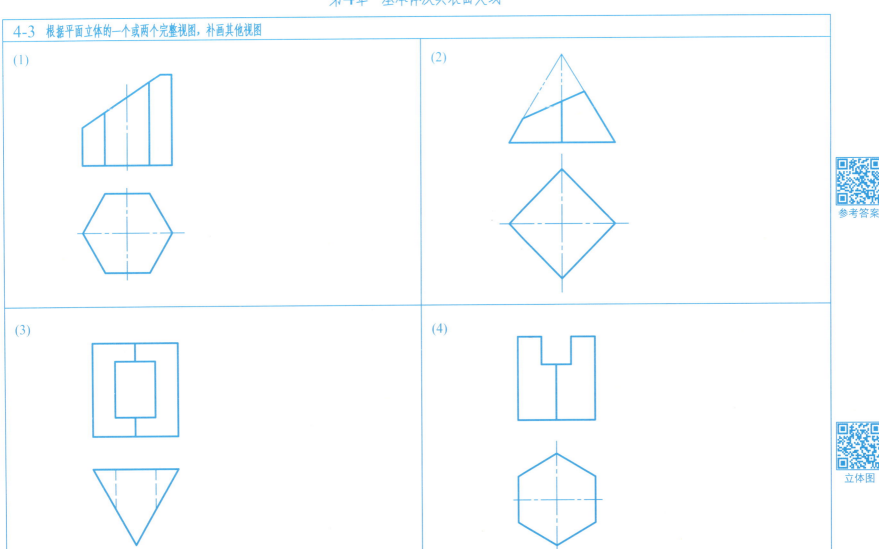

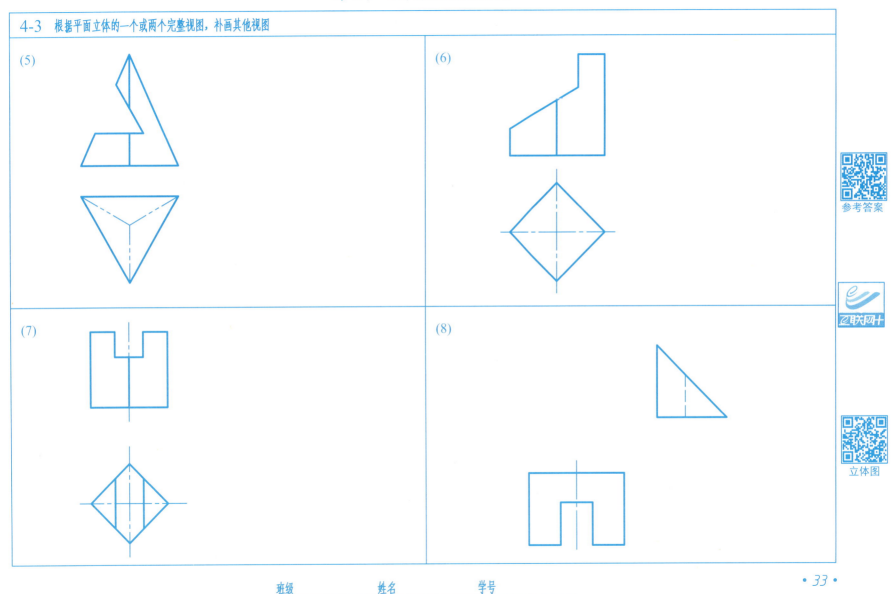

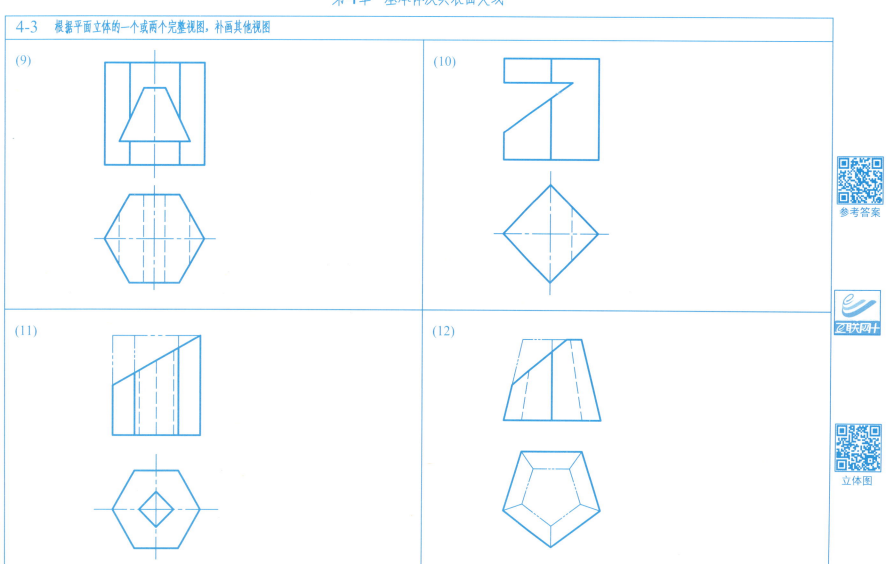

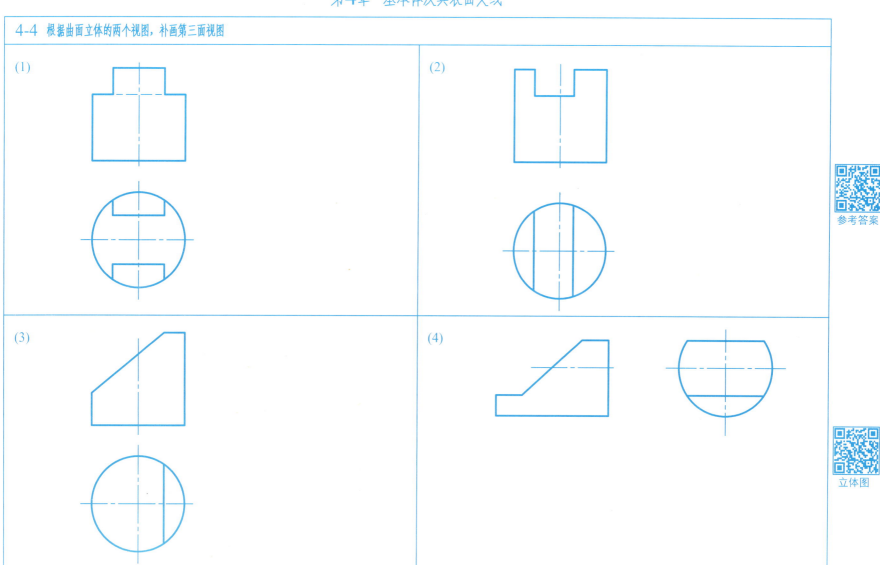

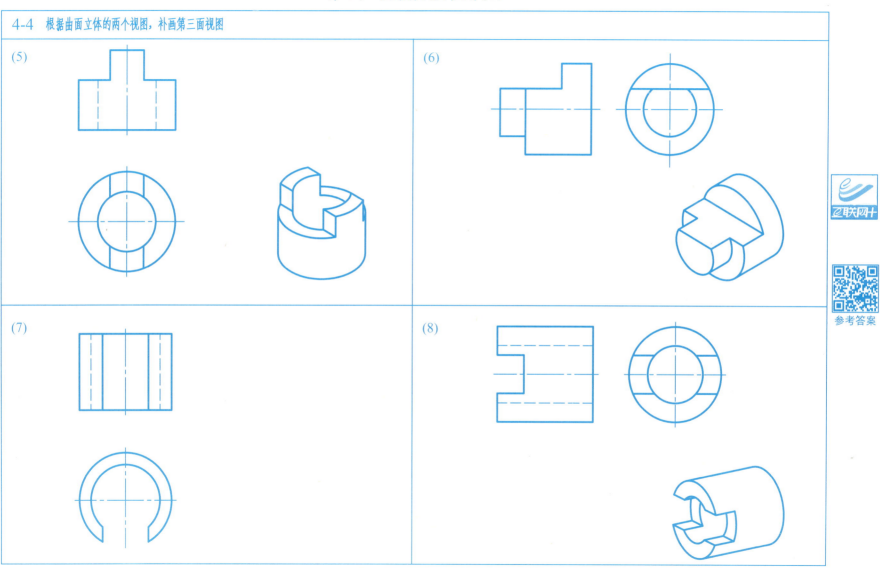

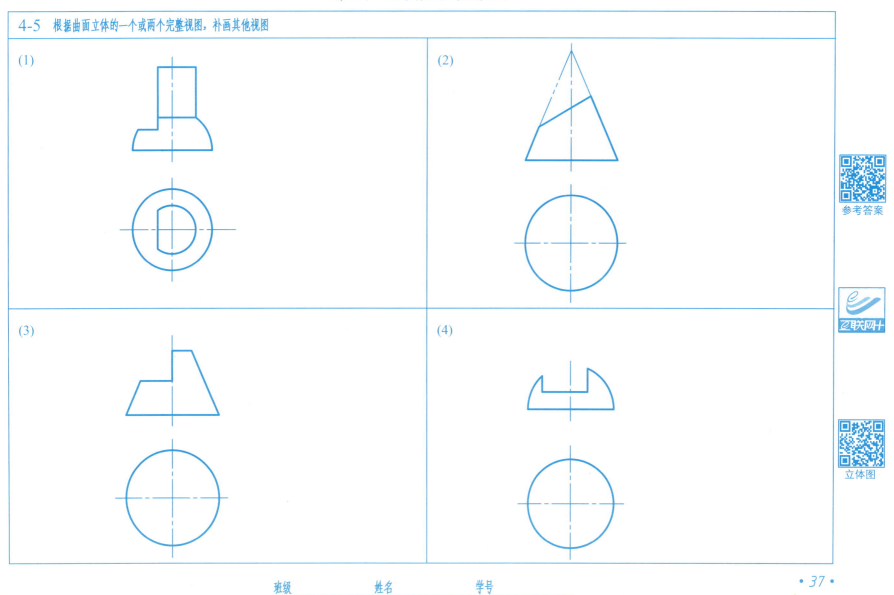

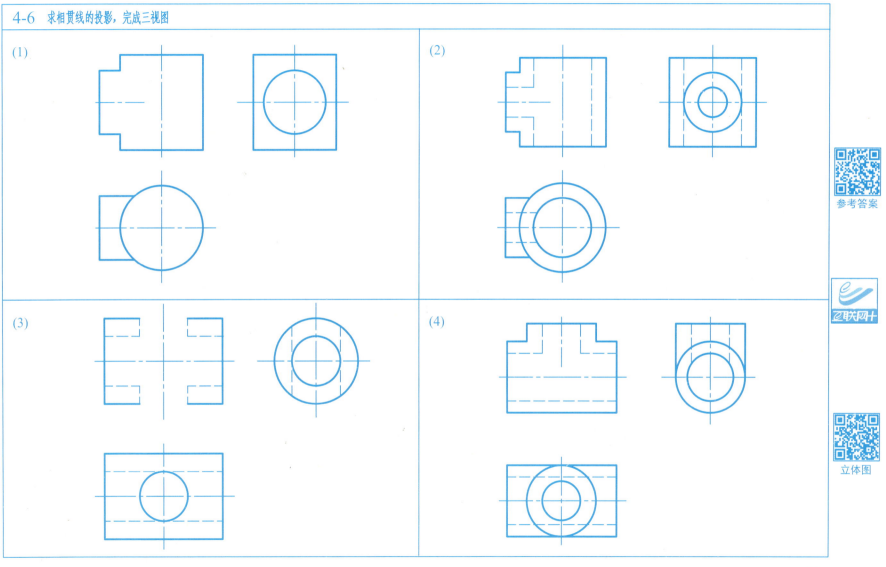

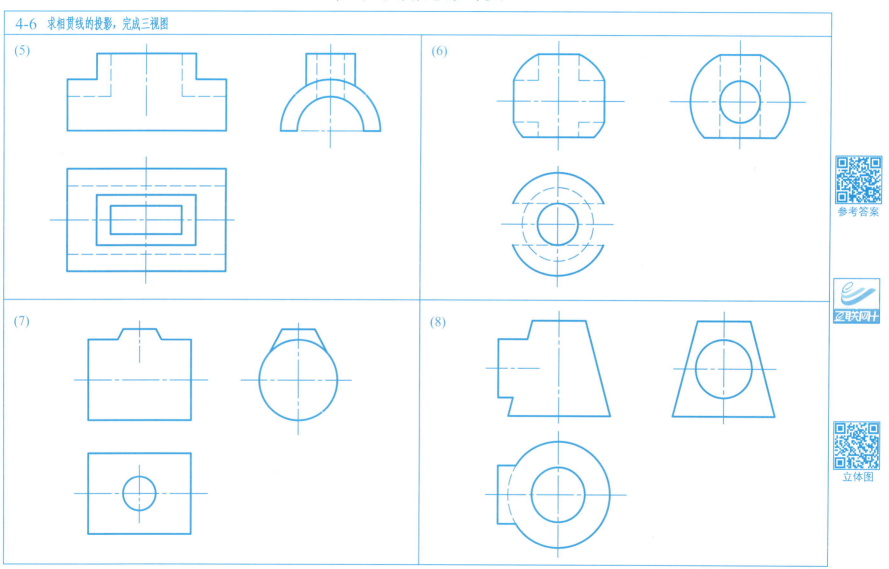

第 5 章 轴 测 图

5-1 绘制正等轴测图

(1)

(2)

(3)

(4)

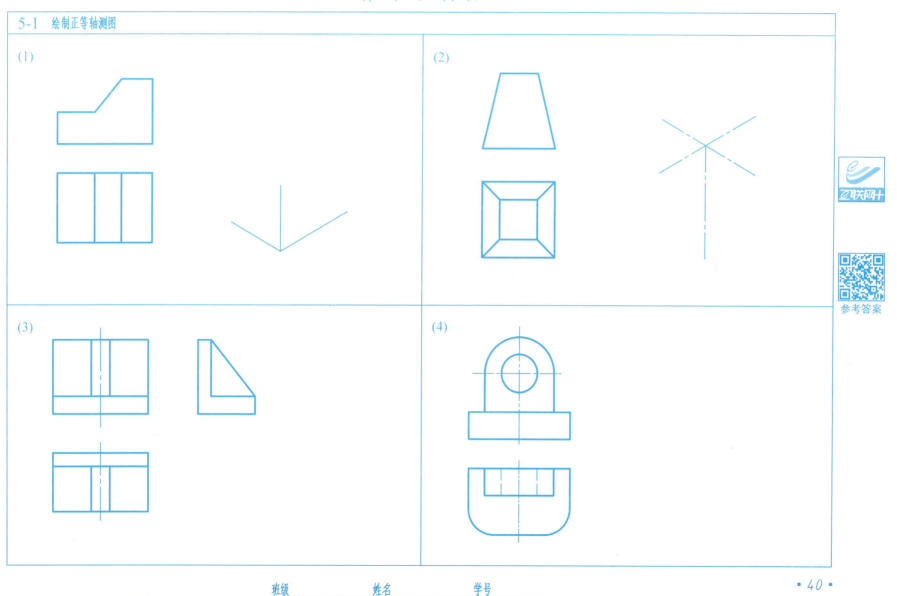

参考答案

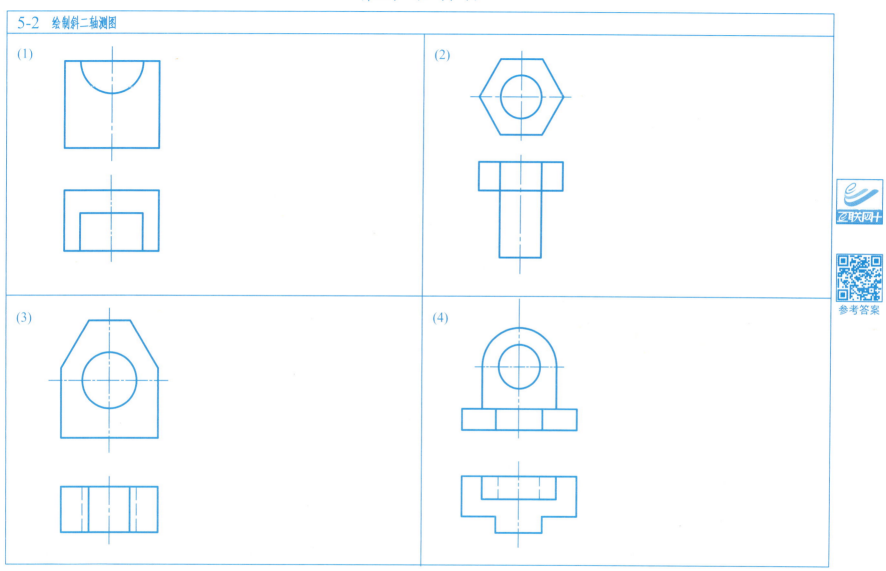

第5章 轴测图

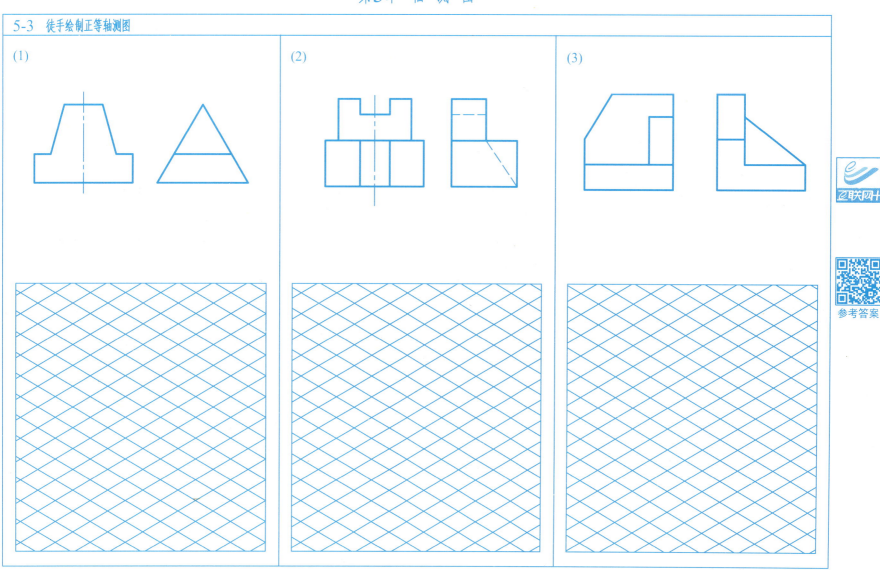

5-3 徒手绘制正等轴测图

(1)　(2)　(3)

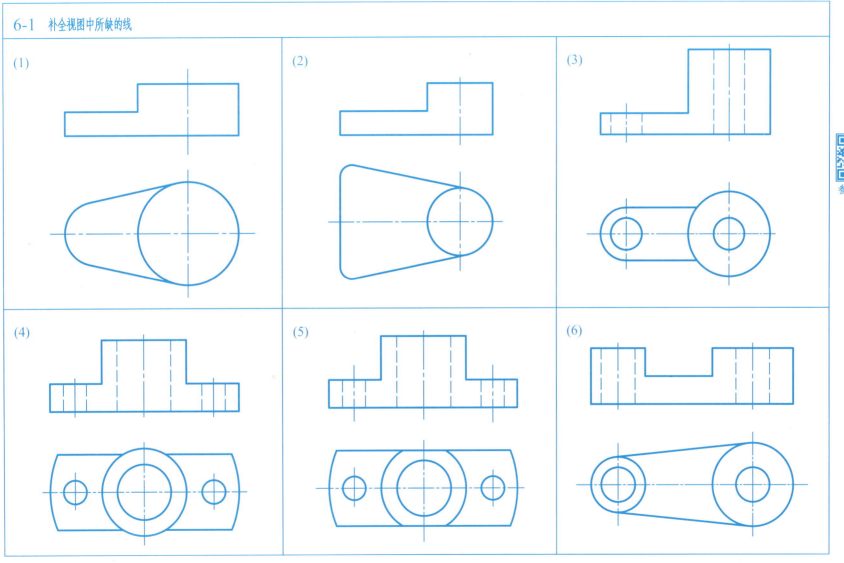

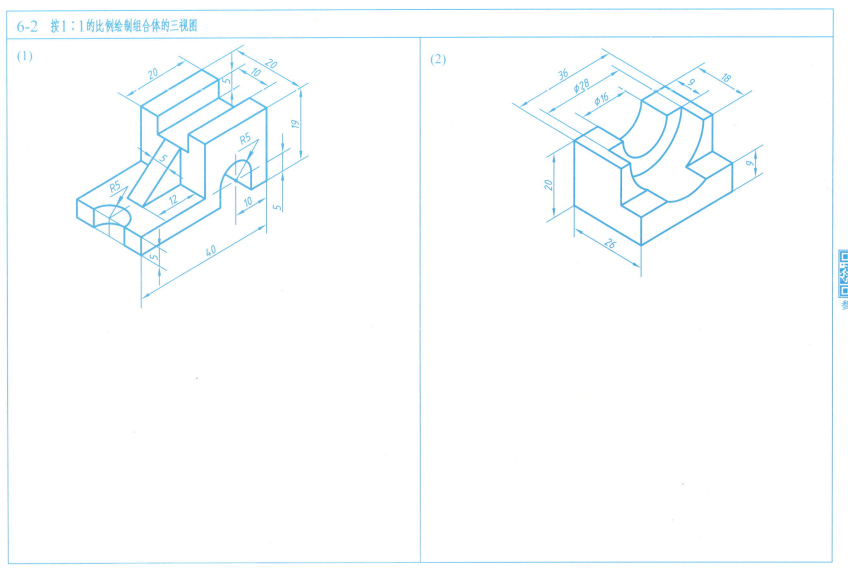

第6章 绘制和识读组合体的视图

6-3 由轴测图画三视图，比例1∶1。

(1)

(2)

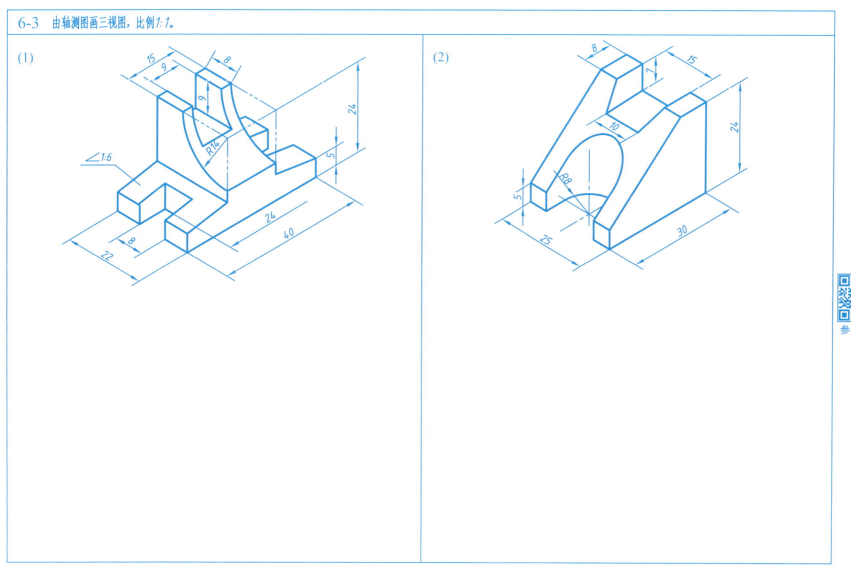

第6章 绘制和识读组合体的视图

6-3 由轴测图画三视图，比例1∶1。

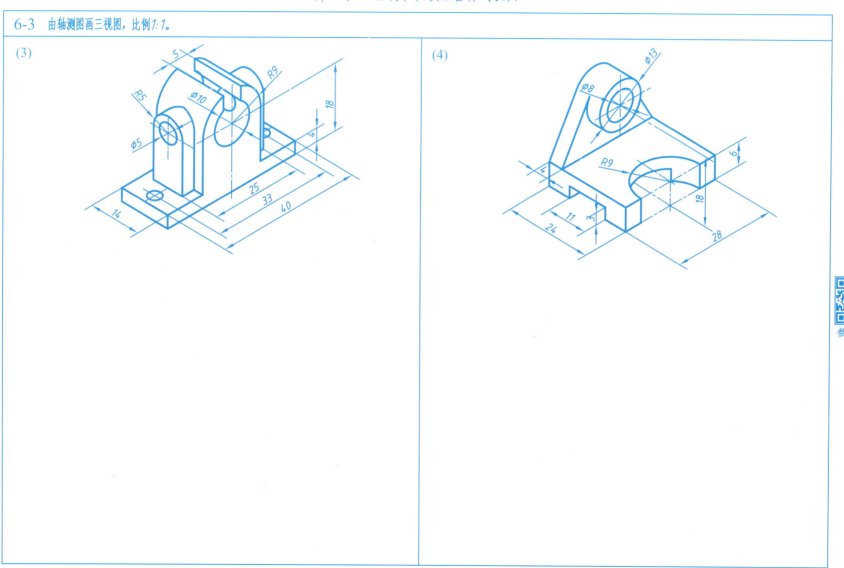

(3)

(4)

第6章 绘制和识读组合体的视图

6-3 由轴测图画三视图，比例1:1。

(5)

(6)

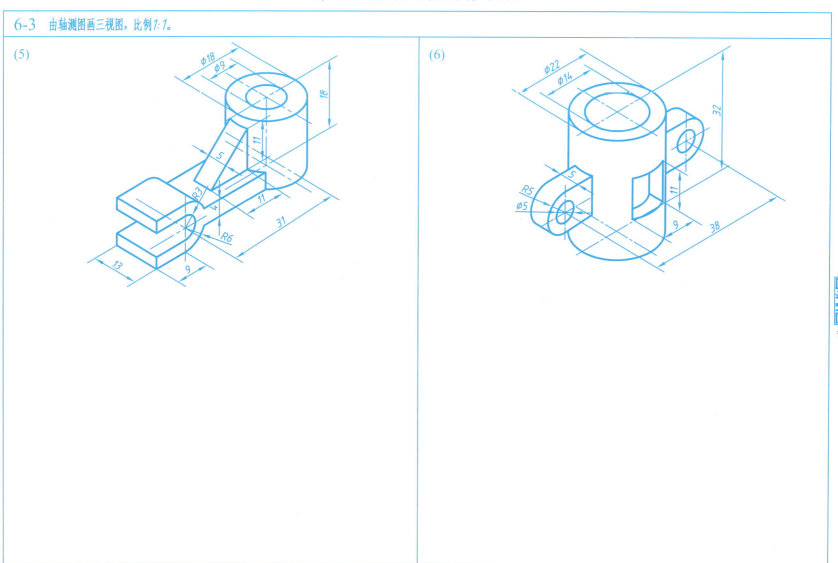

第6章 绘制和识读组合体的视图

6-4 标注下面组合体的尺寸，尺寸从图中量取并取整数

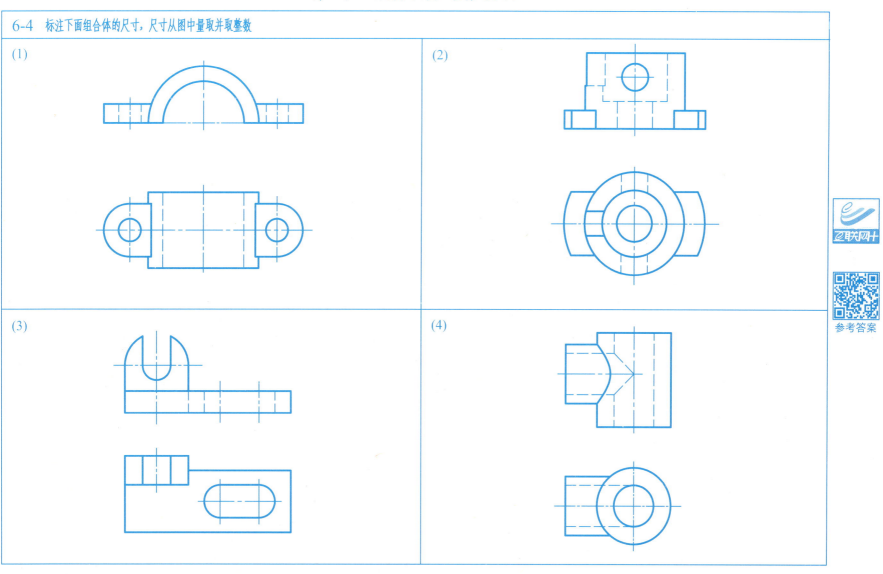

第6章 绘制和识读组合体的视图

6-5 用A4图纸绘制下面模型的三视图，并标注尺寸

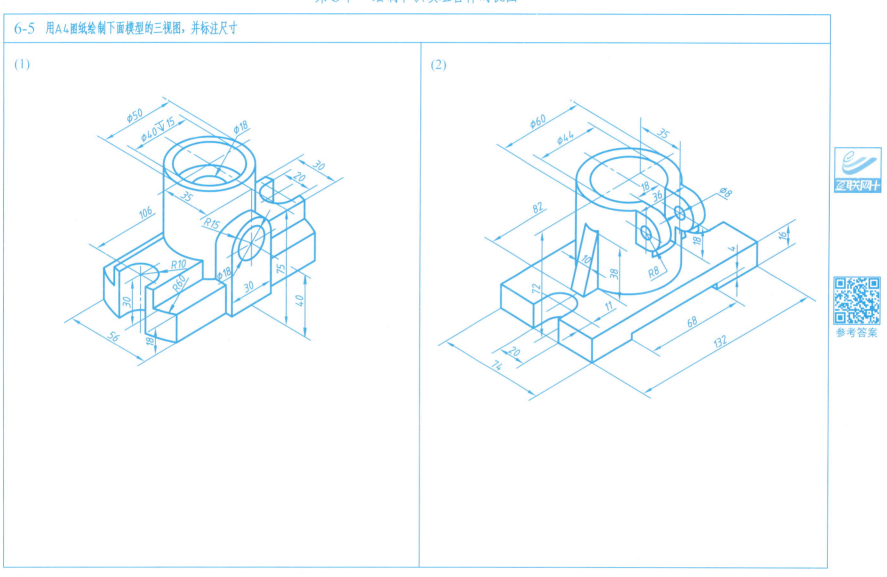

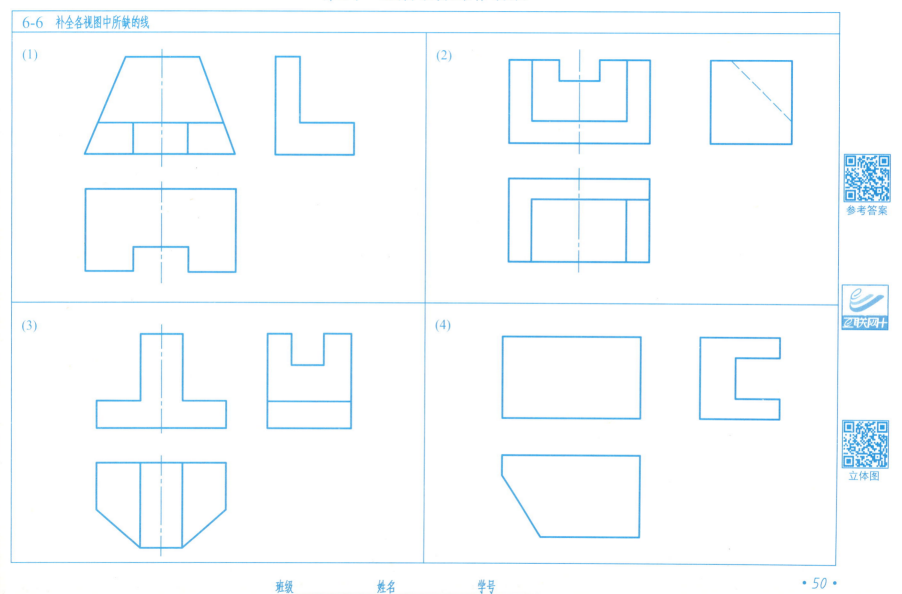

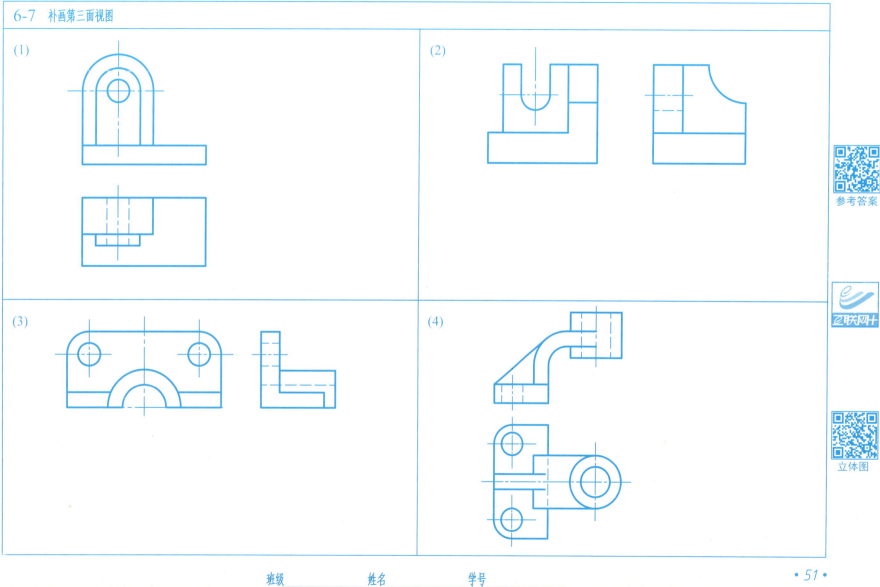

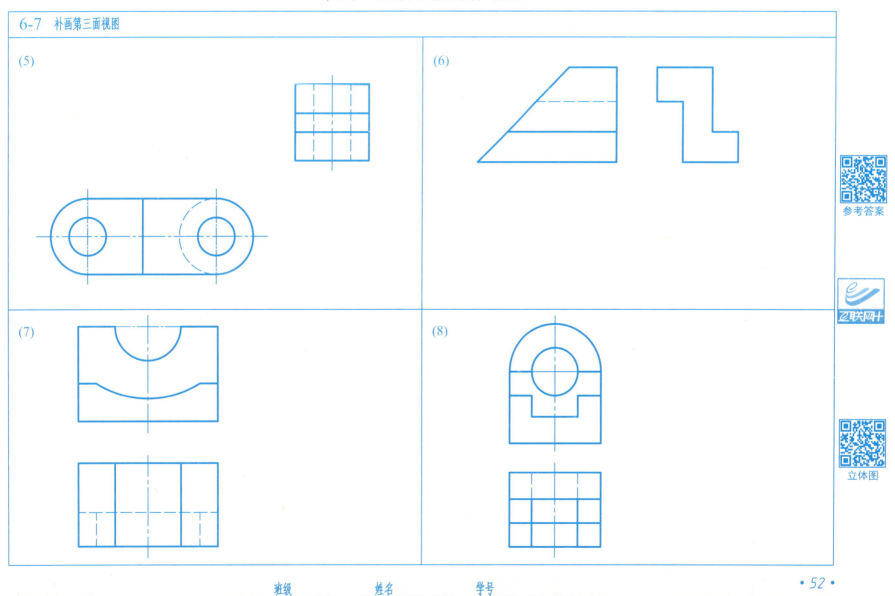

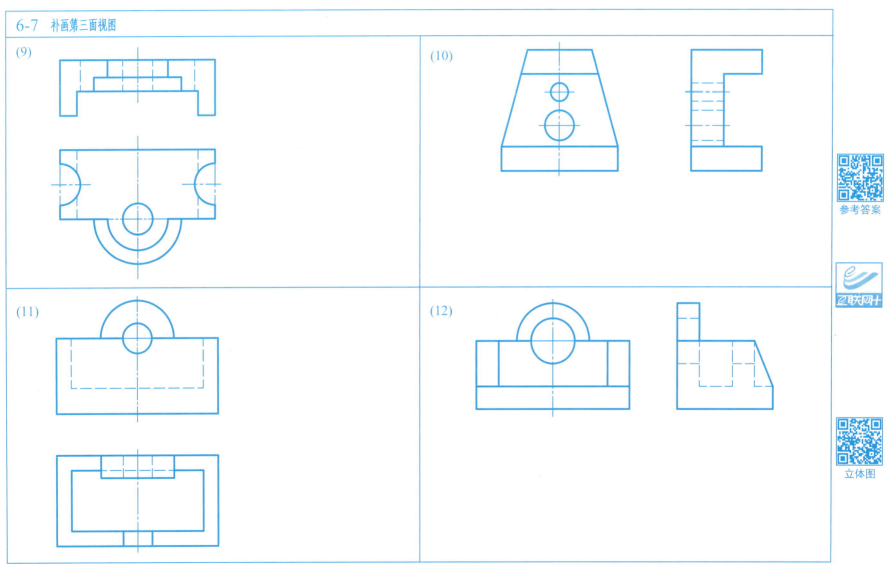

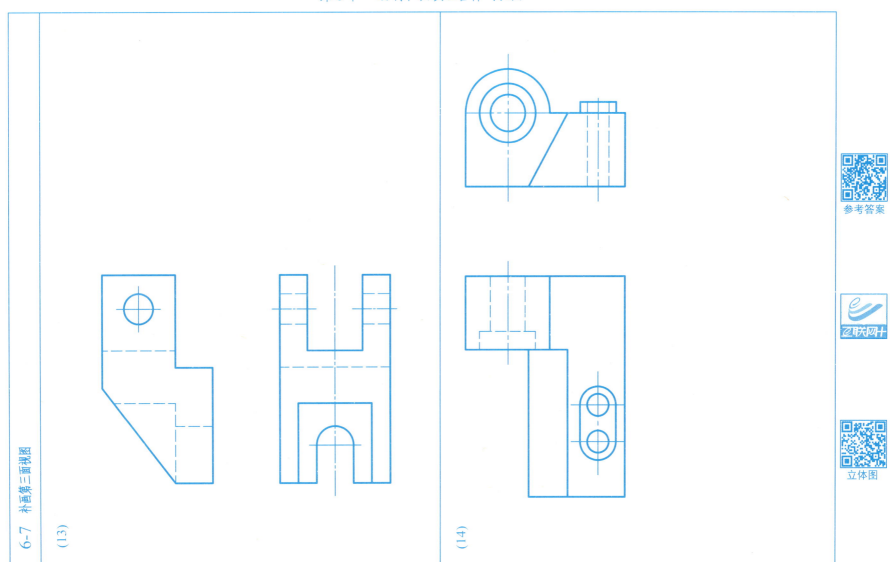

第6章 绘制和识读组合体的视图

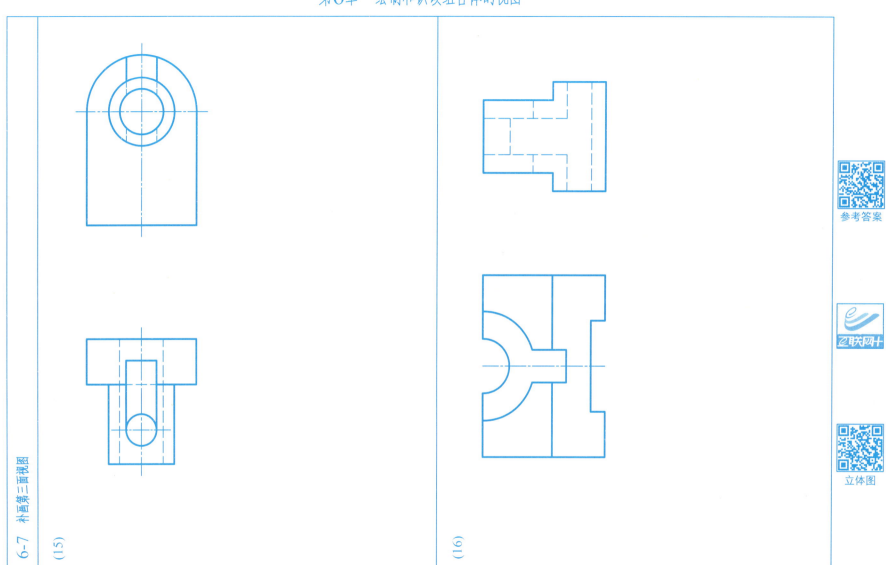

第6章 绘制和识读组合体的视图

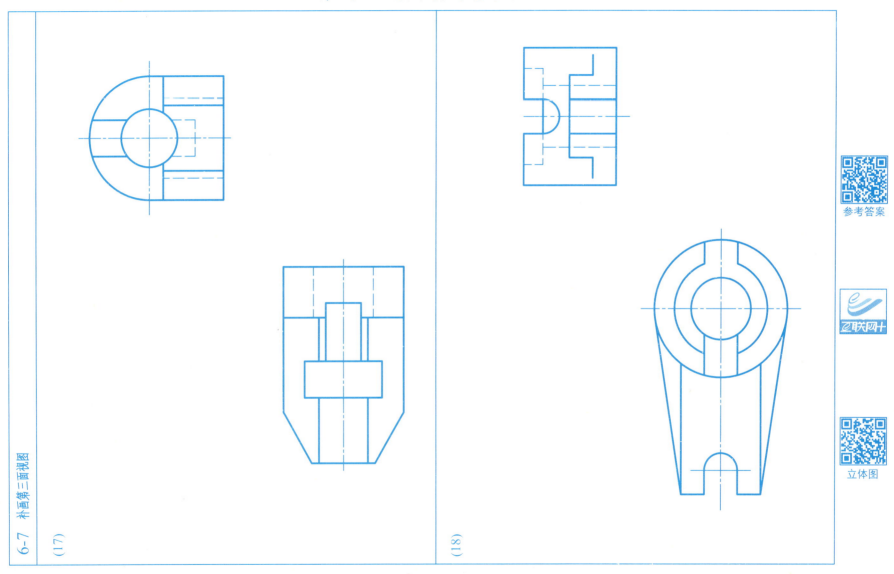

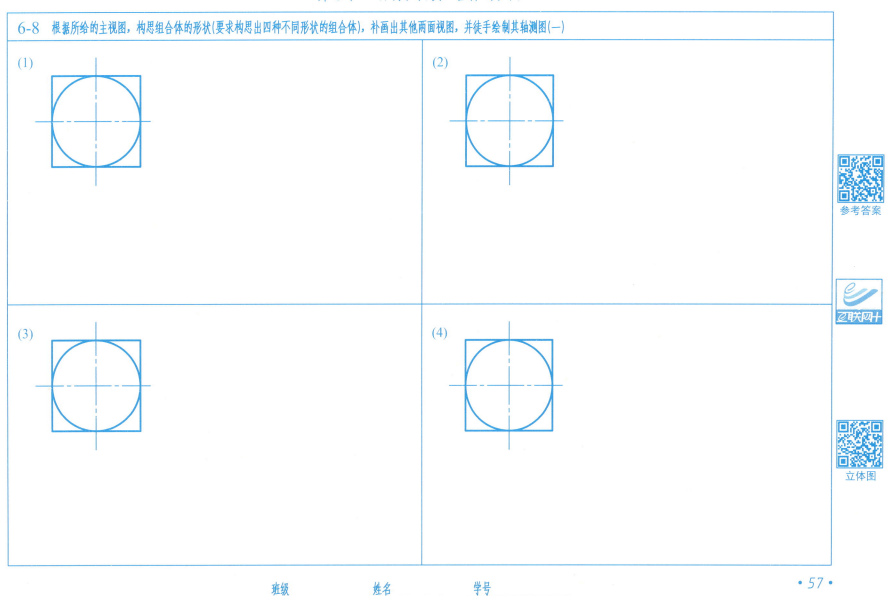

第6章 绘制和识读组合体的视图

6-8 根据所给的主视图，构思组合体的形状（四种不同形状），补画出其他两面视图，并徒手绘制其轴测图（二）

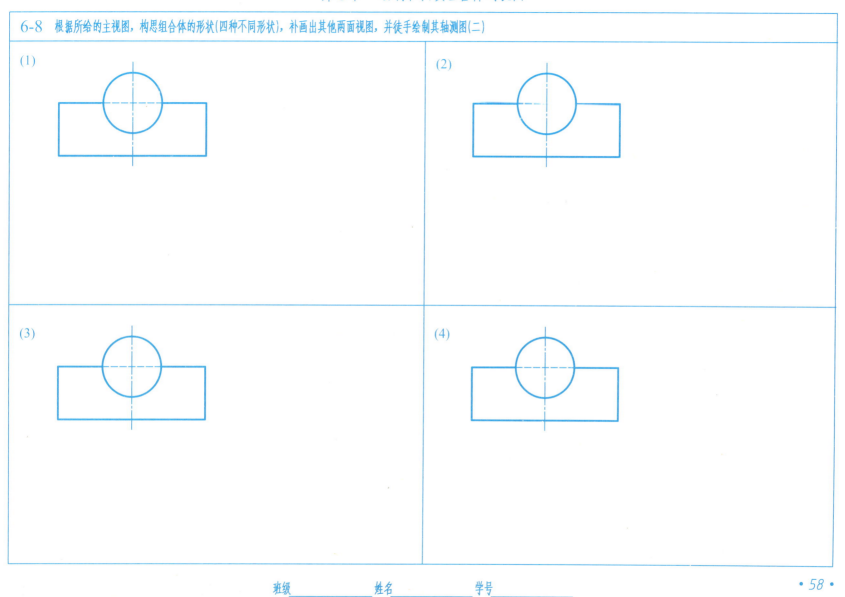

第6章 绘制和识读组合体的视图

6-8 根据所给的主视图，构思组合体的形状（两种），补画出其他两面视图，并徒手绘制其轴测图（三）

(1)

(2)

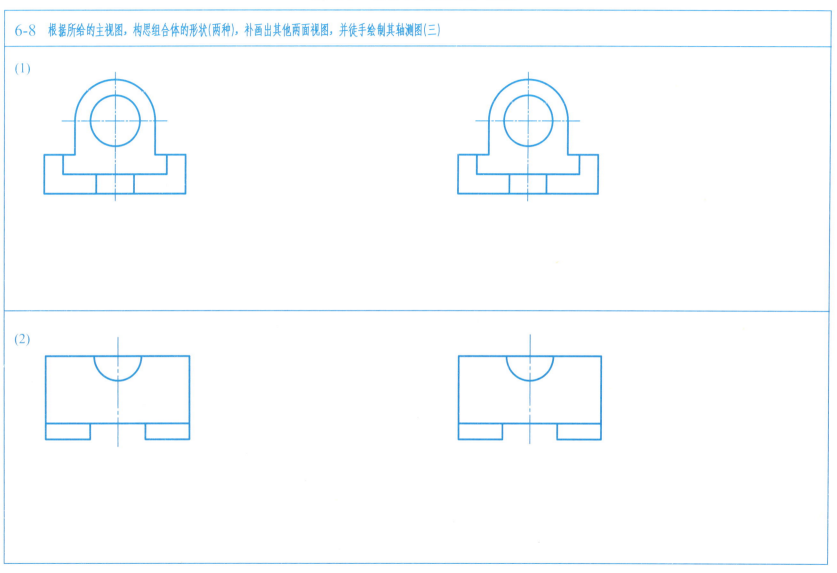

第7章 机件的表达方法

7-1 根据立体的主视、俯视图，补画出左视图、右视图、仰视图和后视图

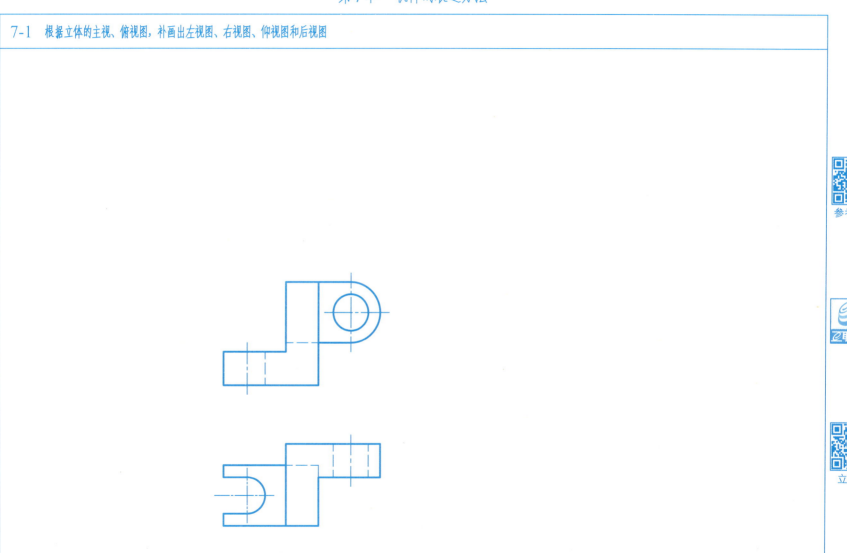

第7章 机件的表达方法

7-2 在指定的位置绘制A向斜视图和B向局部视图

(1)

(2)

A

B

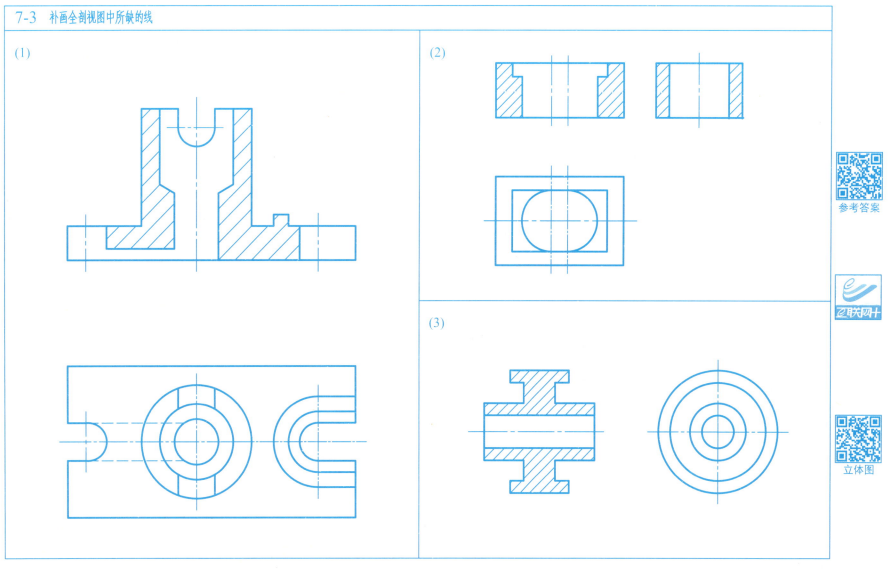

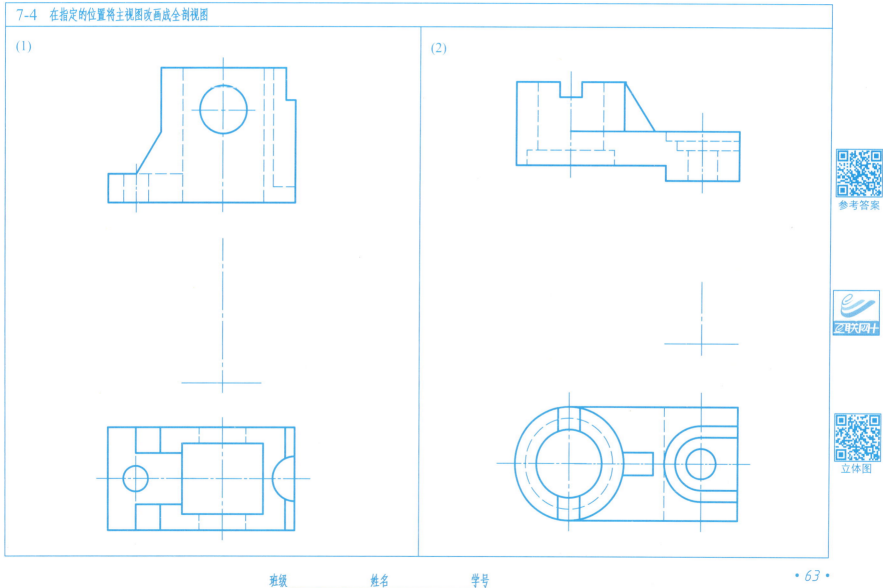

第7章 机件的表达方法

7-4 在指定位置将主视图改画成全剖视图

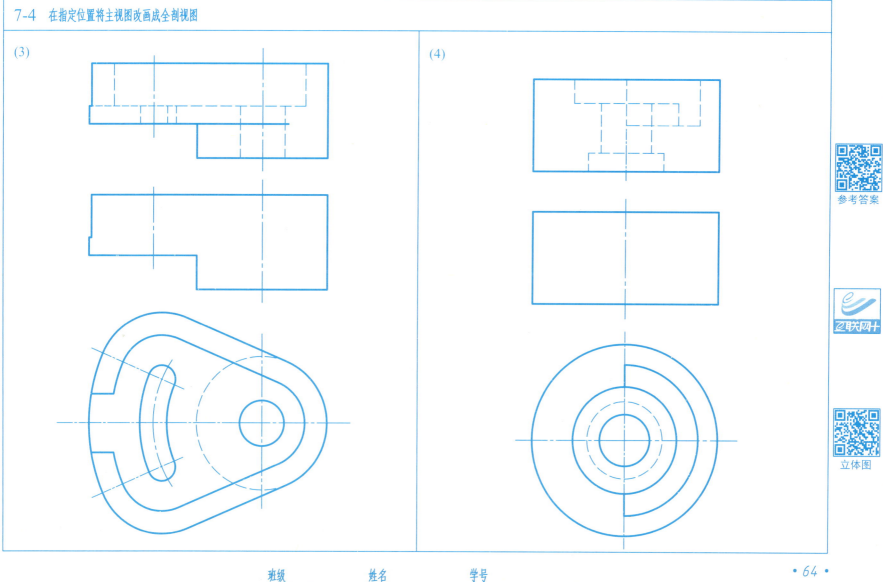

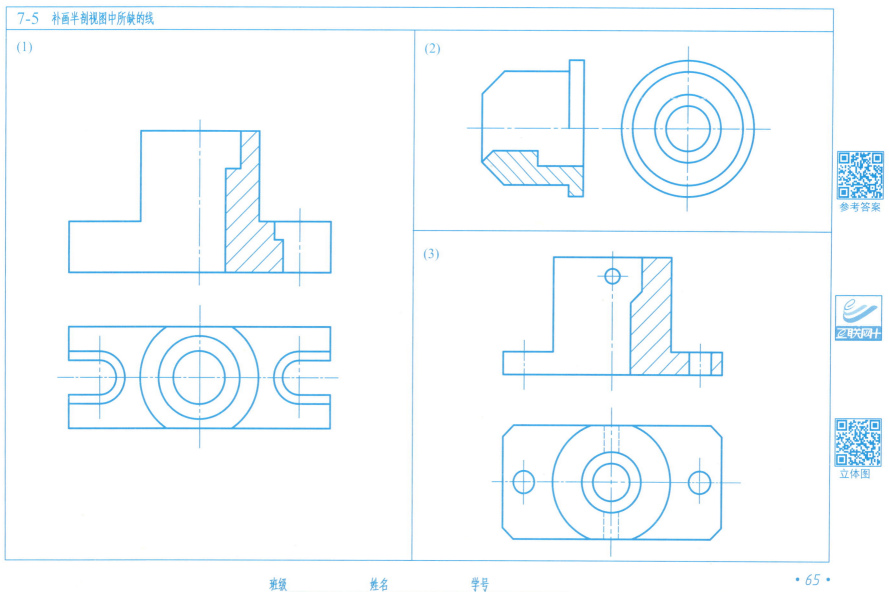

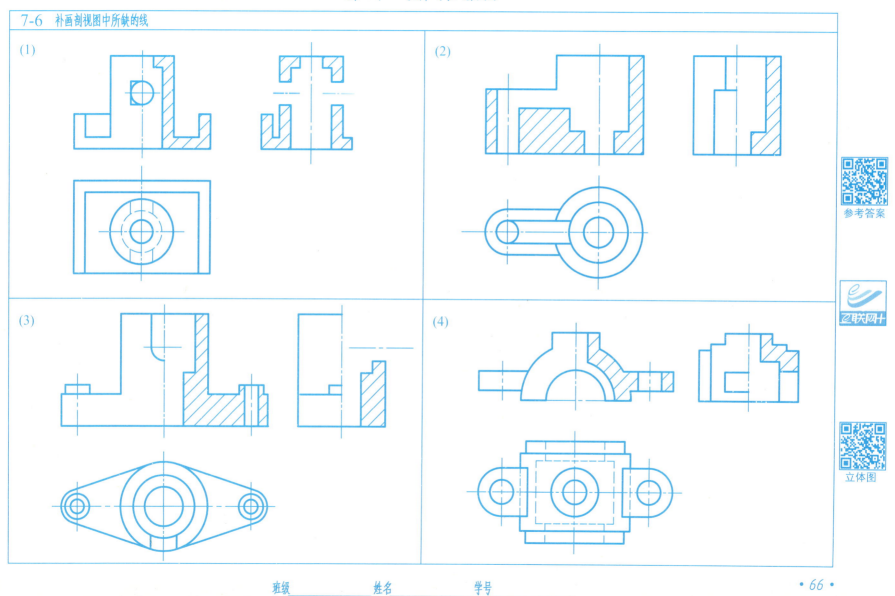

第7章 机件的表达方法

7-7 在指定的位置将主视图改画成半剖视图

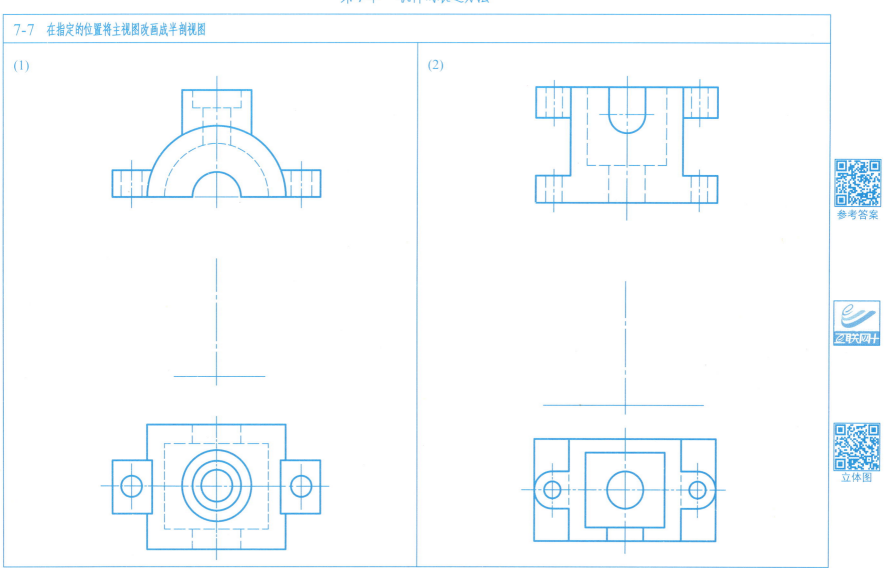

第7章 机件的表达方法

7-7 在指定的位置将主视图改画成半剖视图

(3)　　　　　　　　　　　(4)

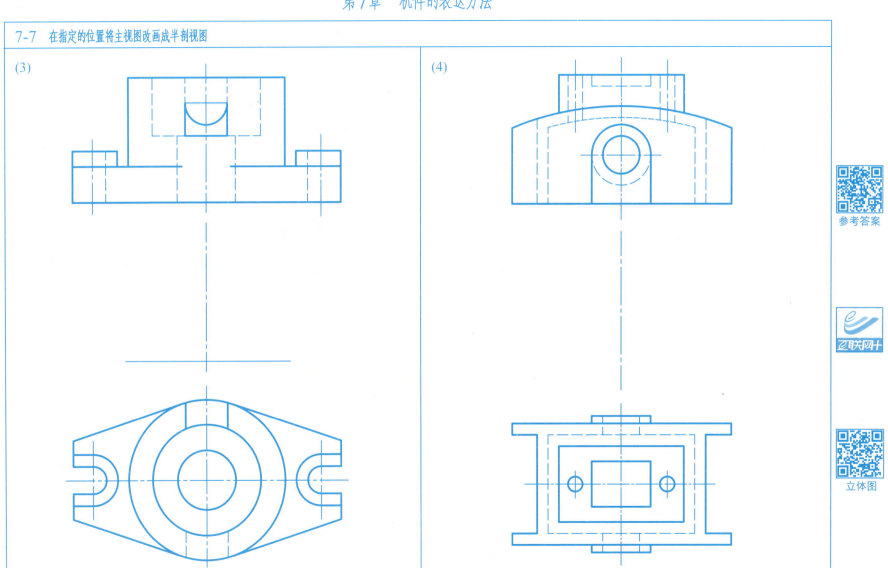

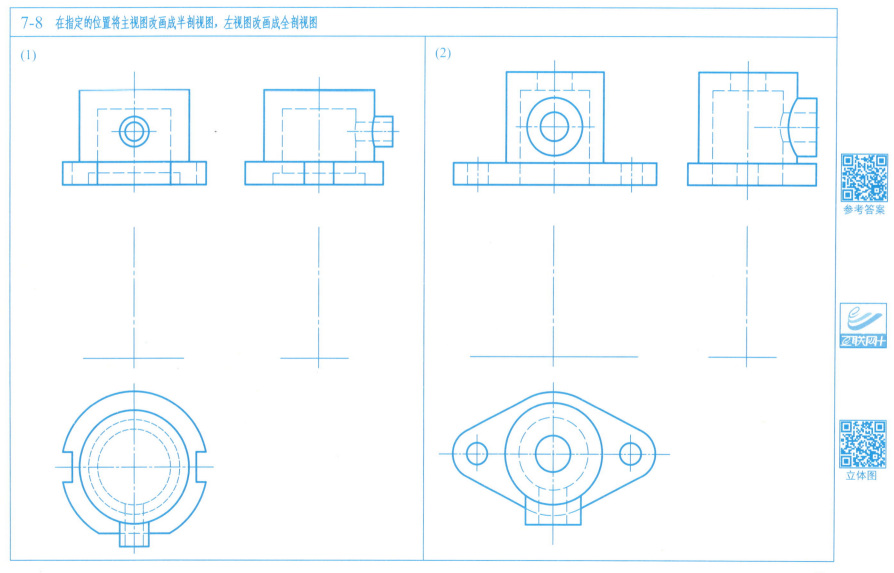

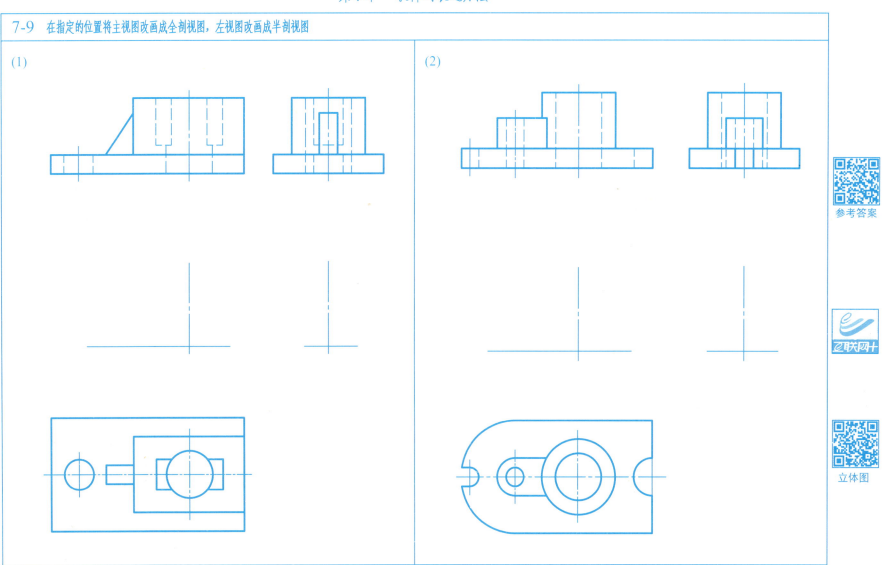

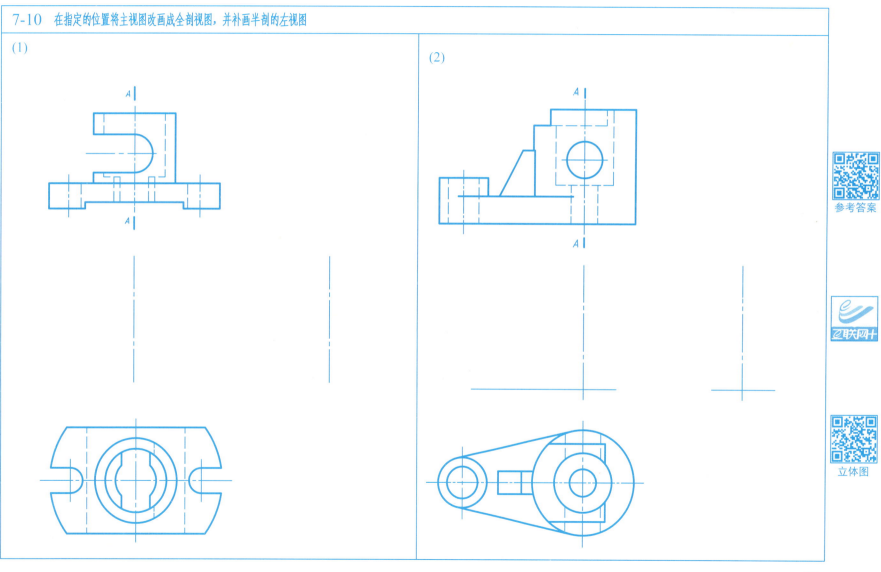

第7章 机件的表达方法

7-11 在指定的位置将主视图改画成半剖视图,并补画全剖的左视图

(1)

(2)

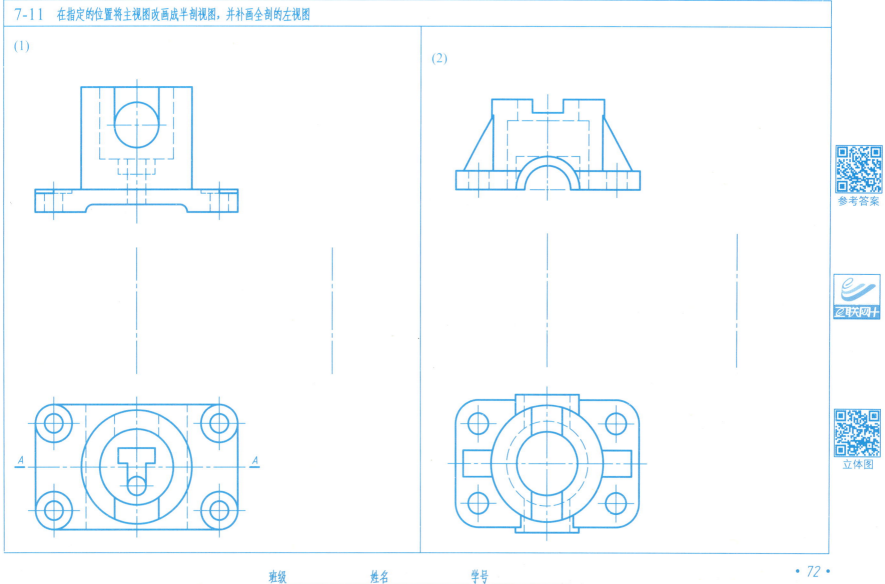

第7章 机件的表达方法

7-12 在指定的位置将主视图和俯视图改画成局部剖视图

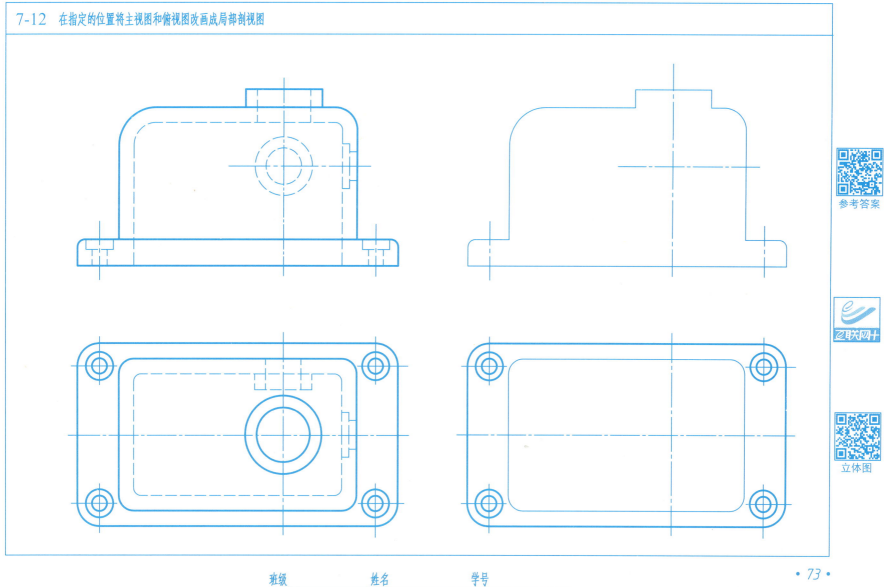

第7章 机件的表达方法

7-13 画出下面视图的A—A的剖视图

(1)

(2)

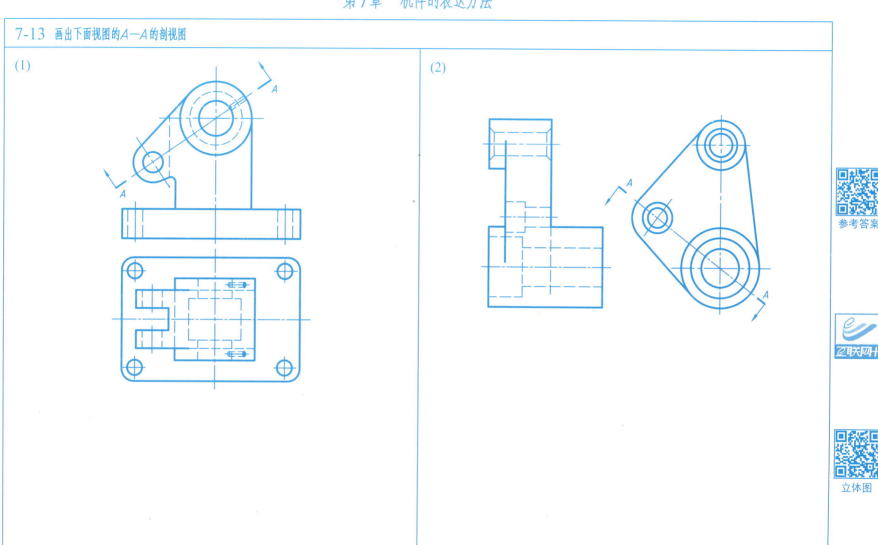

第7章 机件的表达方法

7-14 用几个平行的平面将下面的主视图改画成剖视图

(1)　　　　　　　　　　　　　　　　(2)

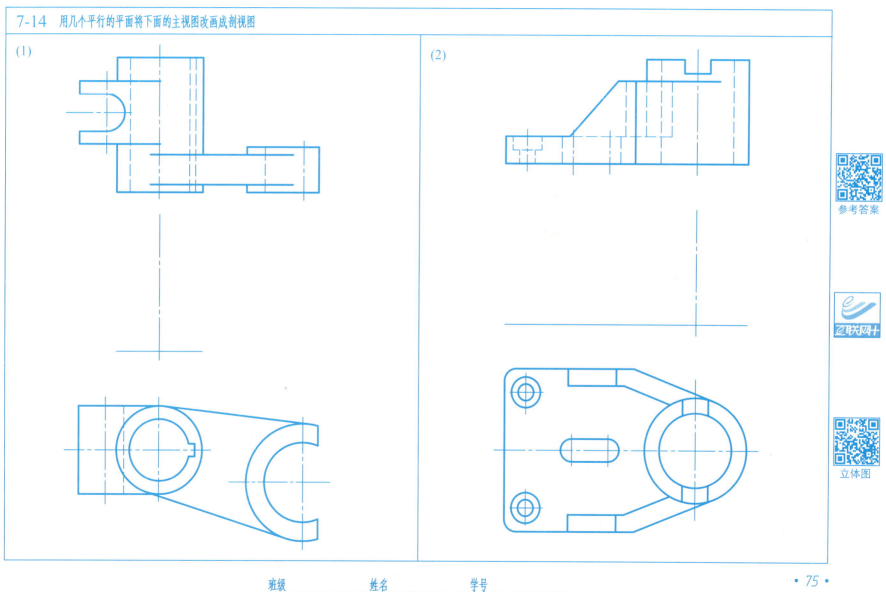

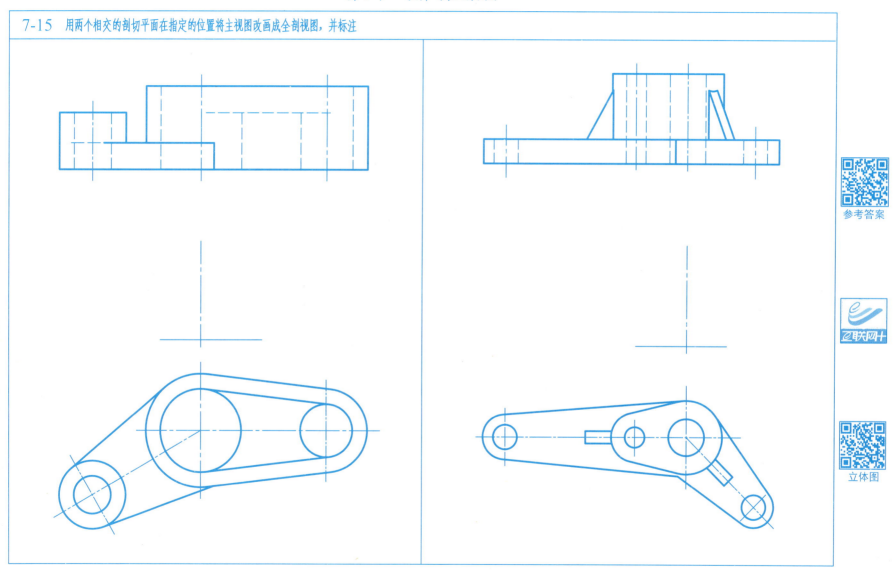

第7章 机件的表达方法

7-16 用复合的剖切平面在指定的位置将主视图改画成剖视图，并标注

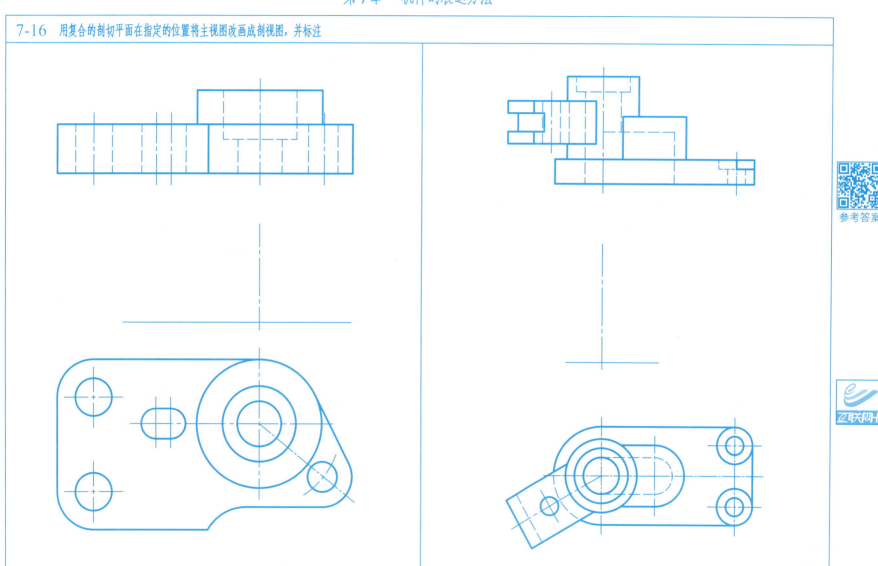

第7章 机件的表达方法

7-17 选择正确的断面图

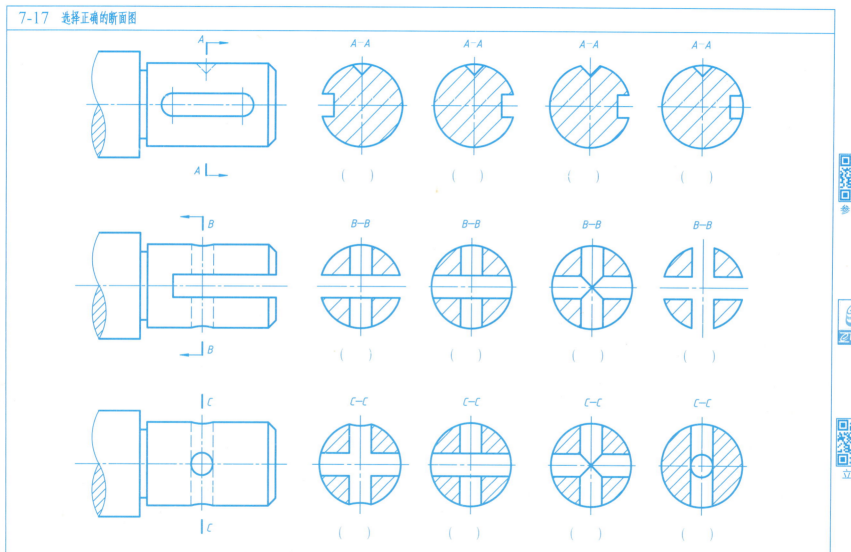

第7章 机件的表达方法

7-18 绘制轴上指定位置的断面图

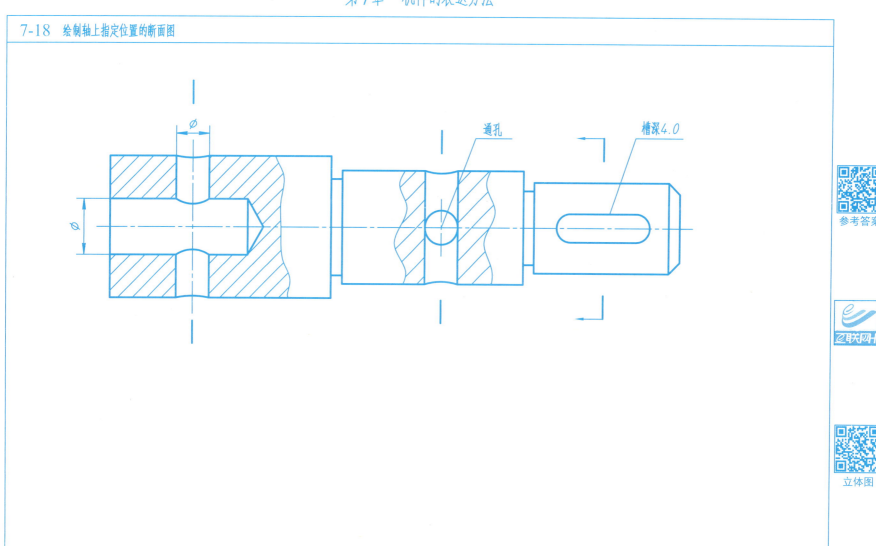

第7章 机件的表达方法

7-19 在指定的位置画出正确的剖视图

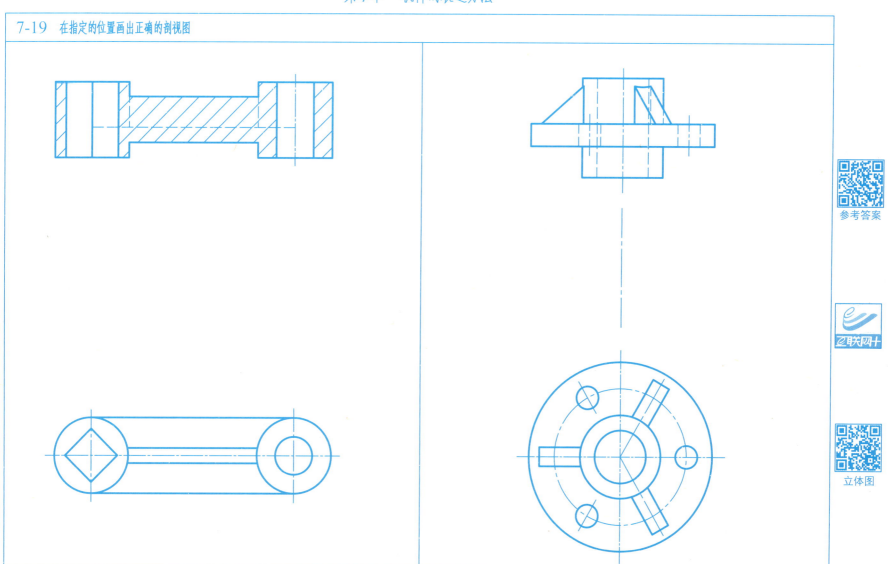

第7章 机件的表达方法

7-20 由所给的视图，选择合适的表达方案将机件表达清楚

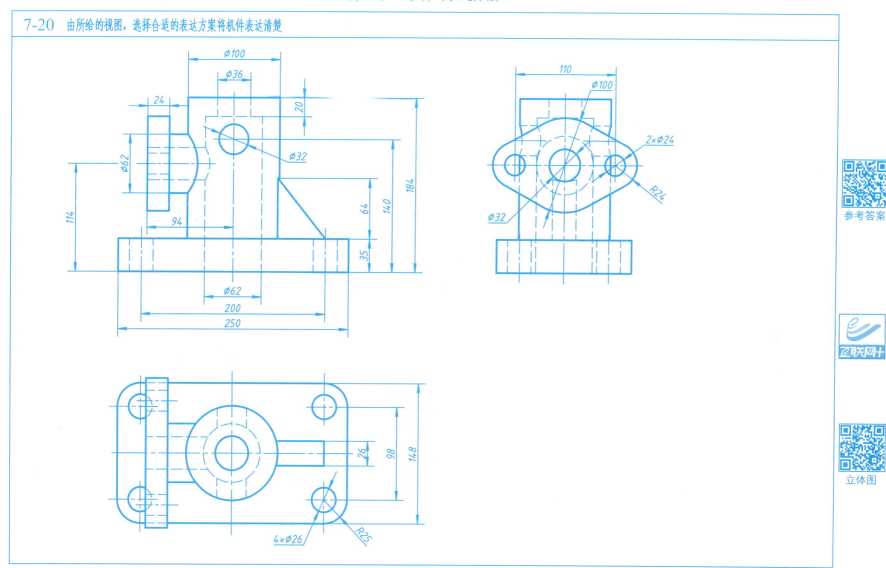

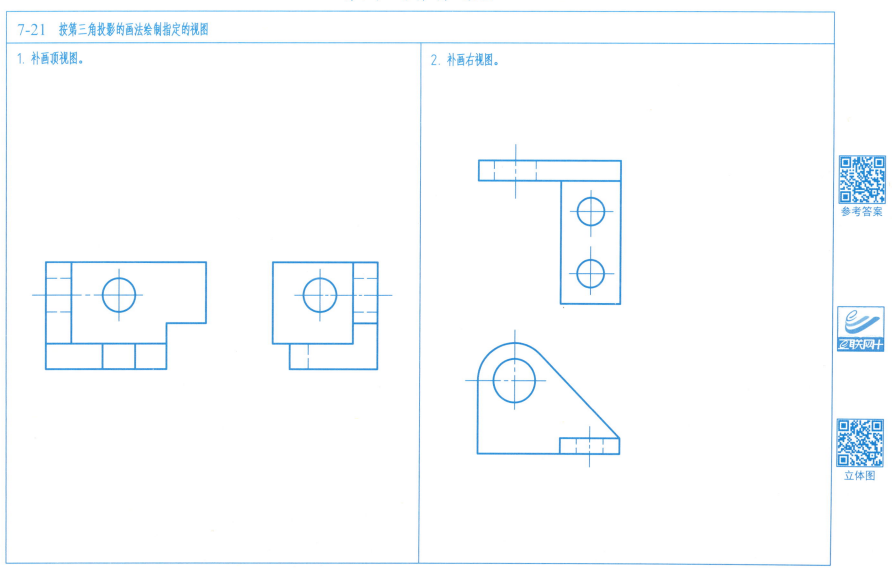

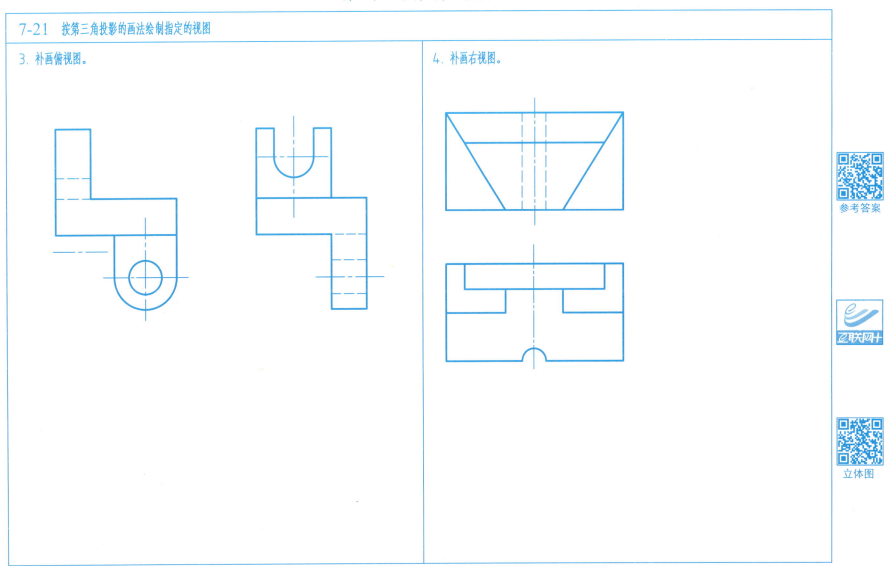

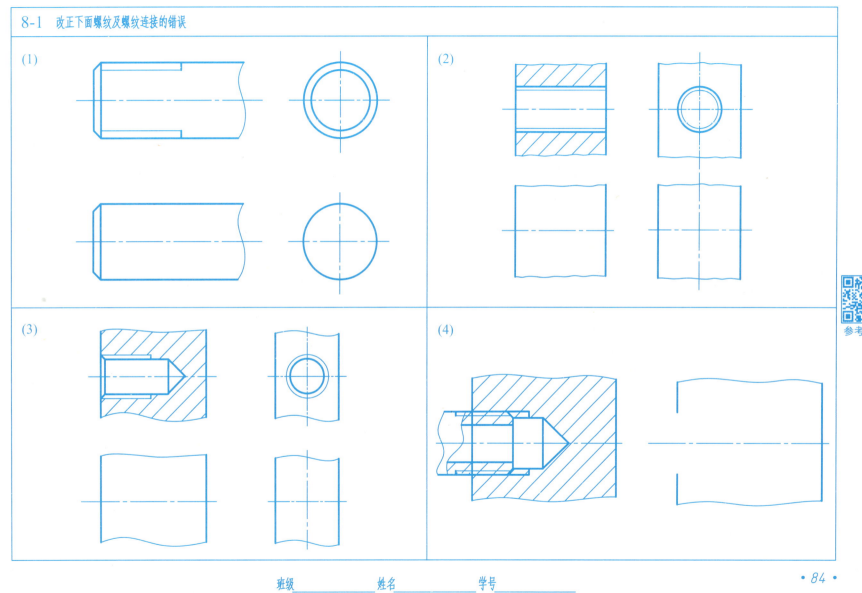

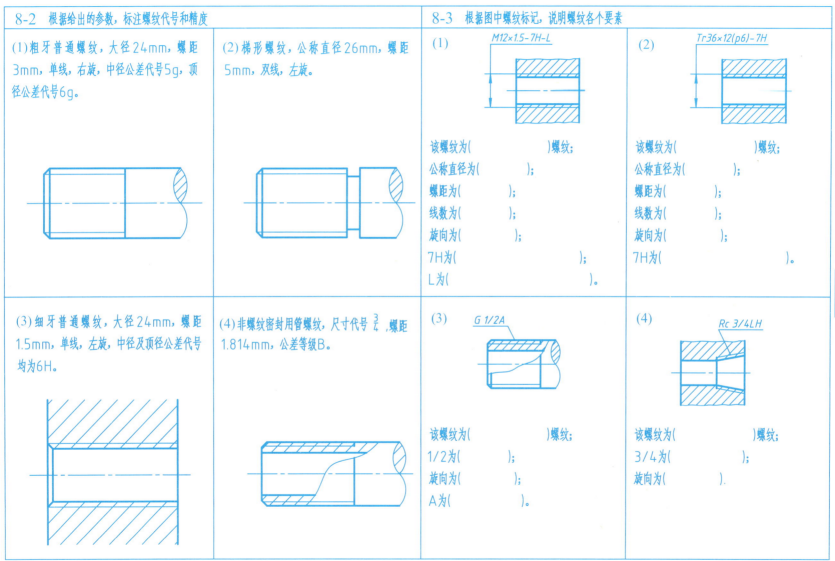

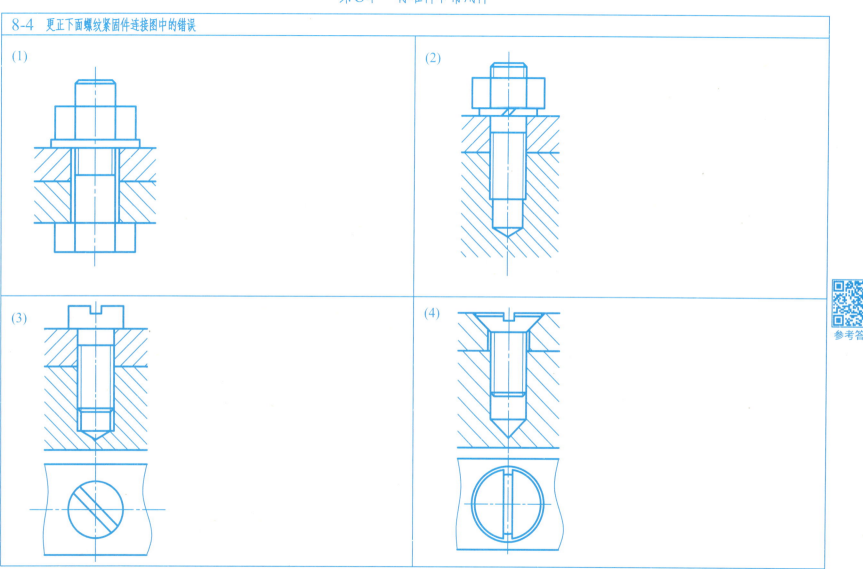

第8章　标准件和常用件

8-5　单个圆柱齿轮的画法

已知：标准直齿圆柱齿轮模数 $m=3\text{mm}$，$z=30$，计算确定各部分尺寸，按1:1的比例补画其两面视图。

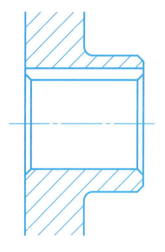
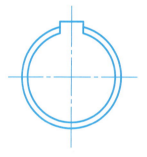

第8章 标准件和常用件

8-6 齿轮啮合的画法

已知：直齿圆柱大齿轮 $m=4mm$，大齿轮 $z_1=40$，小齿轮 $z_2=20$，试计算大、小齿轮的基本尺寸，并按 1∶2 的比例补全齿轮轮齿部分的投影。

第8章 标准件和常用件

8-7 已知齿轮和轴用A型普通平键连接，键的长度为20mm，查表注出键槽的尺寸，在指定位置补画断面图。补全键连接图，并写出键的规定标记

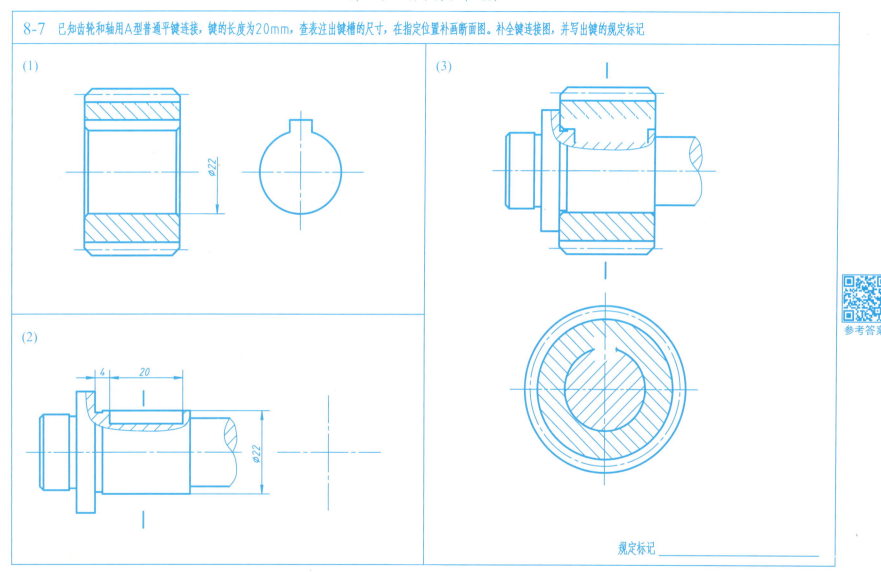

规定标记_____

第8章 标准件和常用件

8-8 销连接的画法

1. 用∅10mm的圆柱销连接这两个零件,并写出销的标记。

销的标记_____

2. 用∅8mm的圆锥销连接这两个零件,并写出销的标记。

销的标记_____

第8章 标准件和常用件

8-9 弹簧和滚动轴承的画法

1. 已知圆柱螺旋压缩弹簧的中径为52mm，弹簧直径为8mm，节距 t 为18mm，$H=104$mm，试画其全剖的主视图。

2. 试用简化画法画出6204轴承(左端面紧靠轴端)(深沟球轴承)。

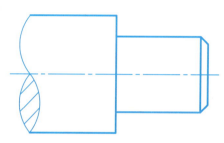

3. 试用简化画法画出30204轴承(左端面紧靠轴端)(圆锥滚子轴承)。

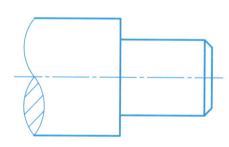

参考答案

第9章 零件图

9-1 零件图的技术要求

1. 已知某组件中零件间的配合尺寸如下图所示,回答下面问题。

(3) 根据装配图,在零件图中标出相应的尺寸,要求注写上下偏差值。

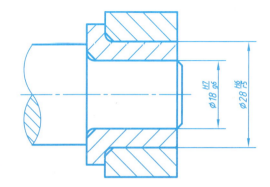

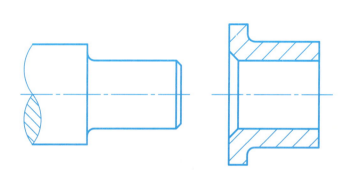

(4) 画出 $\varnothing 28 \frac{H6}{r5}$ 和 $\varnothing 18 \frac{H7}{g6}$ 的公差带图。

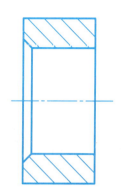

参考答案

(1) 说明配合尺寸 $\varnothing 28 \frac{H6}{r5}$ 的含义。
① $\varnothing 28$ 表示_____;
② r 表示_____;
③ 5 表示_____;
④ 此配合属于_____制_____配合。

(2) 说明配合尺寸 $\varnothing 18 \frac{H7}{g6}$ 的含义。
① $\varnothing 18$ 表示_____;
② g 表示_____;
③ 6 表示_____;
④ 此配合属于_____制_____配合。

(5) 写出 $\varnothing 18 \frac{H7}{g6}$ 中孔和轴的最大极限尺寸和最小极限尺寸。
孔:最大极限尺寸_____,最小极限尺寸_____;
轴:最大极限尺寸_____,最小极限尺寸_____。

第9章 零件图

9-1 零件图的技术要求

2. 根据文字说明，在图中标注表面粗糙度的代号。

(1) 所有的孔的表面粗糙度为 $Ra\,3.2\,\mu m$。

(2) 所有的端面及倒角的表面粗糙度为 $Ra\,12.5\,\mu m$。

(3) 其余表面是采用不去除材料的加工方法得到的。

3. 根据文字说明，在图中标注几何公差的符号和代号。

(1) $\varnothing 40g6$ 的圆柱度公差为 $0.03\,mm$。

(2) $\varnothing 40g6$ 的轴线对 $\varnothing 20H7$ 轴线的同轴度公差为 $\varnothing 0.05\,mm$。

(3) 右端面对 $\varnothing 20H7$ 轴线的垂直度公差为 $0.15\,mm$。

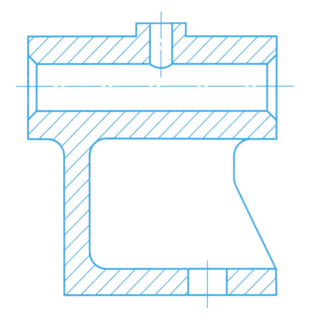

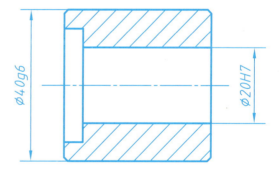

参考答案

第9章 零件图

9-2 读缸套的零件图，并用AutoCAD抄画零件图，表面粗糙度必须以带属性的块进行标注

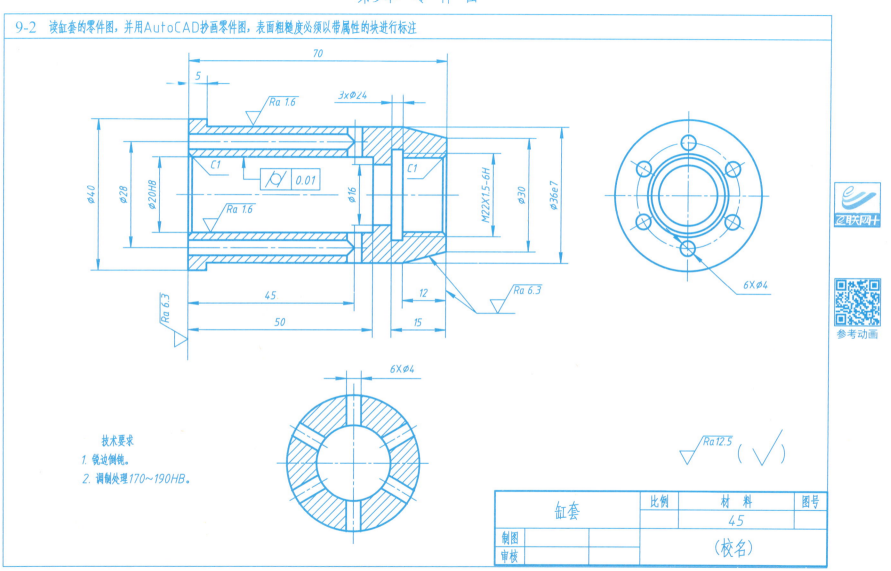

第9章 零件图

9-3 读调节盘的零件图，并用AutoCAD抄画零件图，表面粗糙度必须以带属性的块进行标注

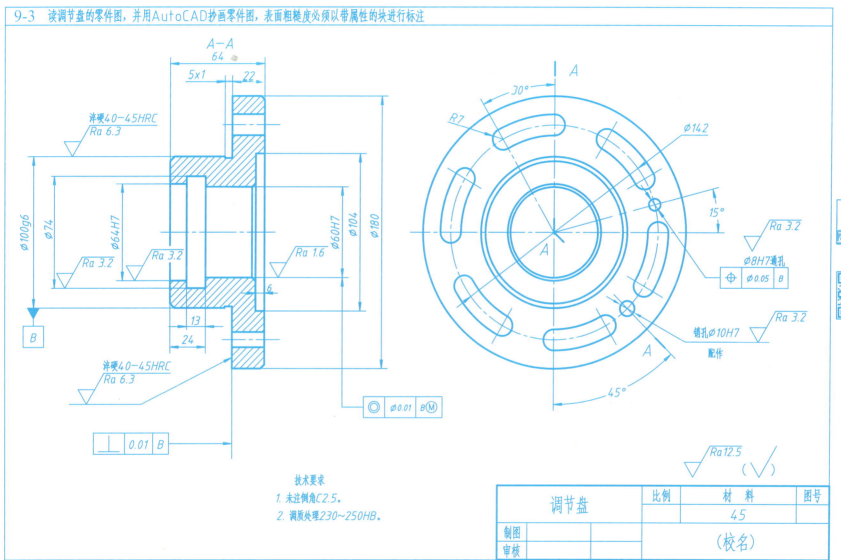

第9章 零件图

9-4 读踏脚杆的零件图，并用AutoCAD抄画零件图，表面粗糙度必须以带属性的块进行标注

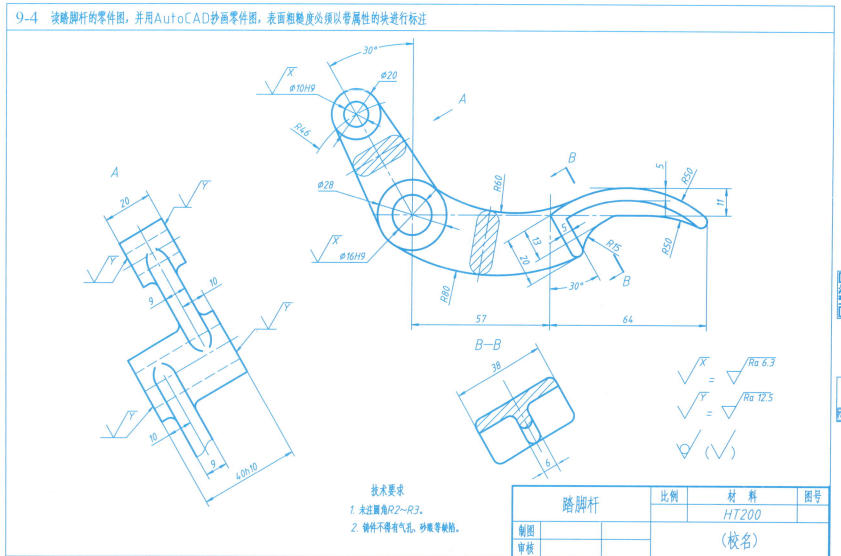

第9章 零件图

9-5 读阀体的零件图，并用AutoCAD抄画零件图，表面粗糙度必须以带属性的块进行标注

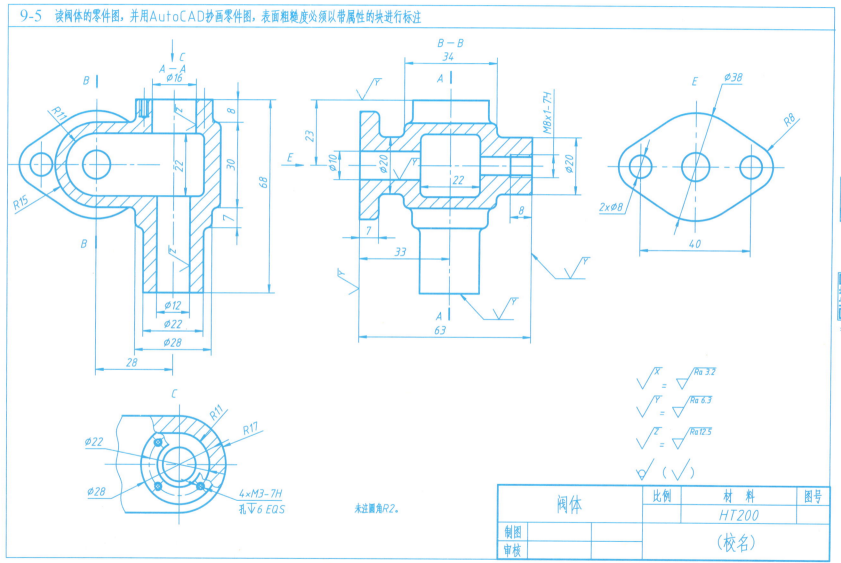

参考动画

第10章 装配图

10-1 读圆钻模的装配图，并回答问题

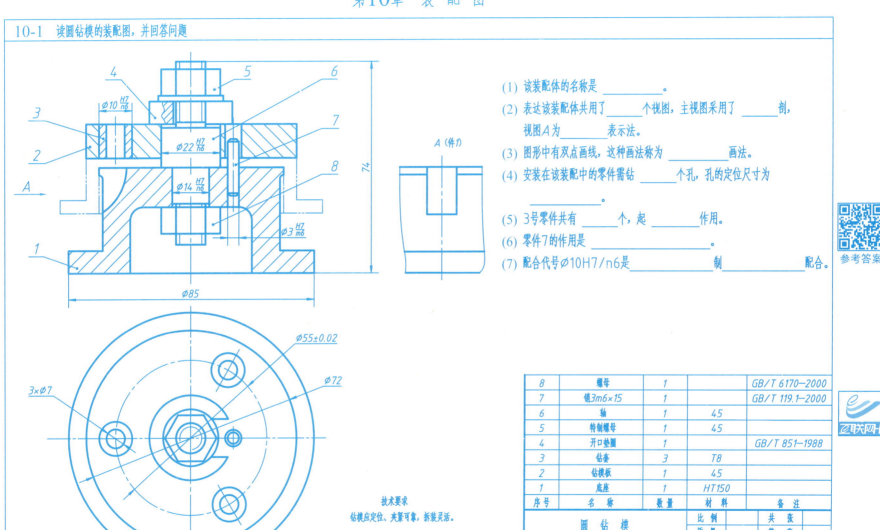

(1) 该装配体的名称是 _____。

(2) 表达该装配体共用了 ____ 个视图，主视图采用了 ____ 剖，视图A为 ____ 表示法。

(3) 图形中有双点画线，这种画法称为 _____ 画法。

(4) 安装在该装配中的零件需钻 ____ 个孔，孔的定位尺寸为 _____。

(5) 3号零件共有 ____ 个，起 ____ 作用。

(6) 零件7的作用是 _____。

(7) 配合代号∅10H7/n6是 ____ 制 ____ 配合。

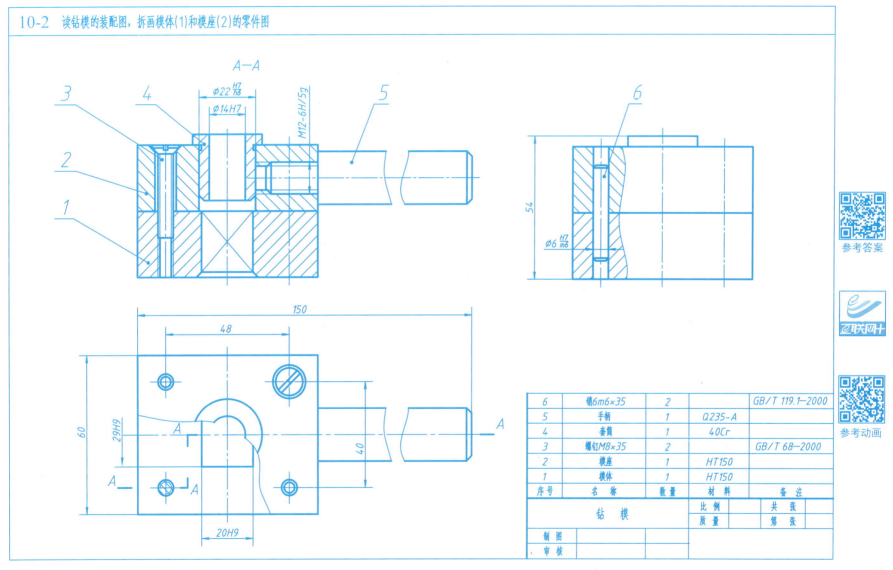

第10章 装配图

10-3 读压板组件的装配图，拆画出压板(1)和基座(2)的零件图

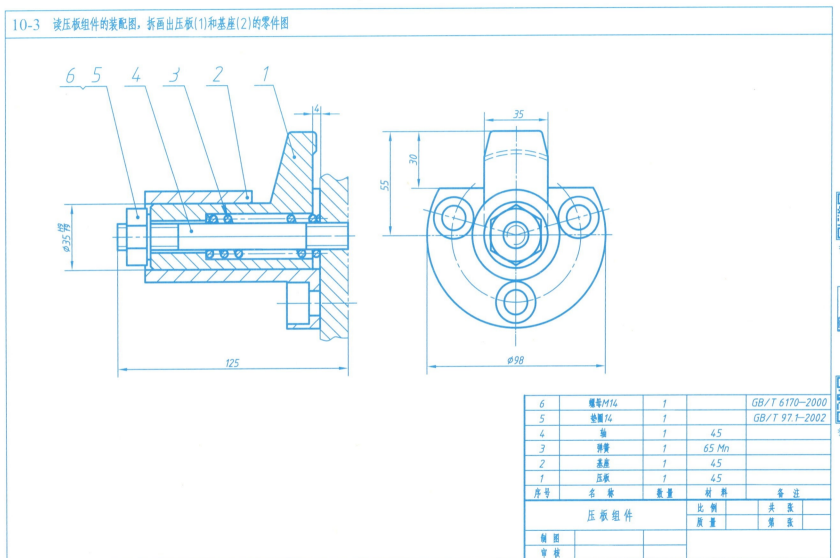

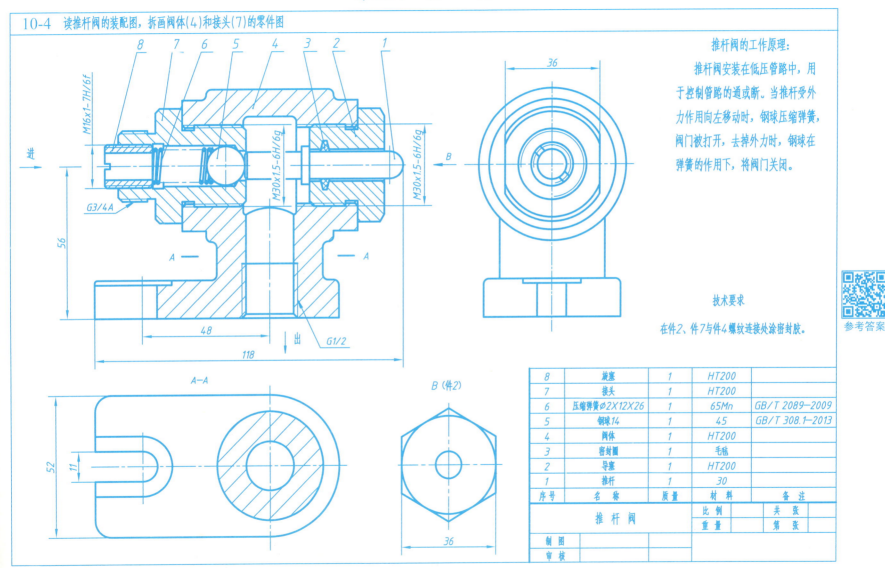

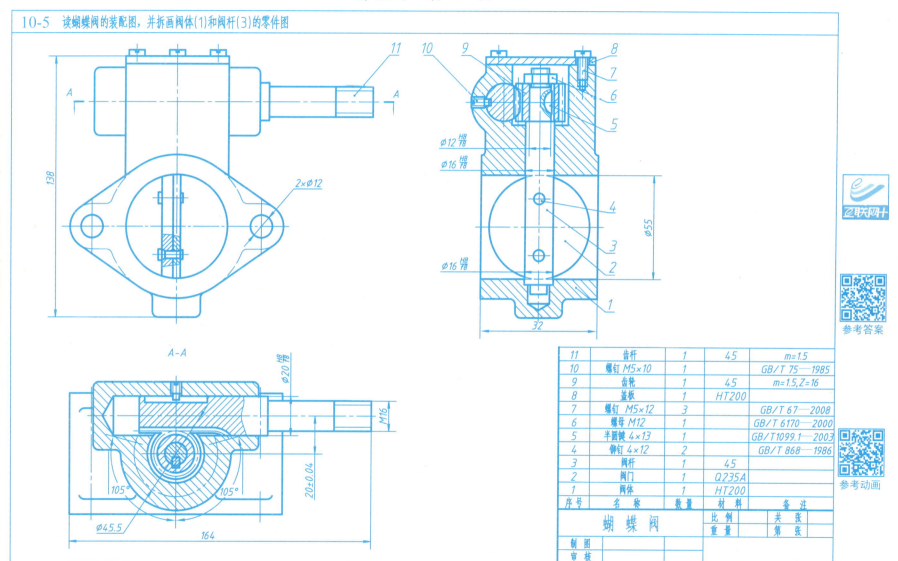

第10章 装配图

10-6 由装配示意图和零件图组画柱塞泵的装配图

1. 作业目的

熟悉和掌握装配图的内容及装配图表达方法。

2. 作业内容和要求

(1) 依据柱塞泵的装配示意图(见下页)，弄懂柱塞泵的工作的原理。

(2) 仔细阅读柱塞泵的零件图，想象各零件的形状，然后想象出整个装配体的形状。

(3) 选择柱塞泵的合理表达方案，将柱塞泵的工作原理和装配关系表达清楚。

(4) 参照装配示意图，拼画出柱塞泵的装配图。

(5) 画图比例、图纸幅面等自己确定。

3. 注意事项

(1) 绘图时注意先留出标题栏和明细栏的位置，然后根据所选的表达方法，画好作图基准线。

(2) 一定要弄清楚柱塞泵的工作原理及各个零件连接关系，比如哪些零件是螺纹连接，哪些零件是配合的，哪些是接触面，哪些是非接触面留有间隙的，等等。

(3) 对标准件要按照国家标准规定的近似比例画法来画。

(4) 应注意相邻零件的剖面线方向不同或间隔不等。

(5) 件06与07采用H7/h6，件08与件10、件07分别采用F8/h7及E8/h7配合，其技术要求参考同类泵的有关资料合理制订出来。

(6) 编好零件序号，并填好明细栏和标题栏。

班级_____ 姓名_____ 学号_____

第10章 装配图

10-6 由装配示意图和零件图组画柱塞泵的装配图

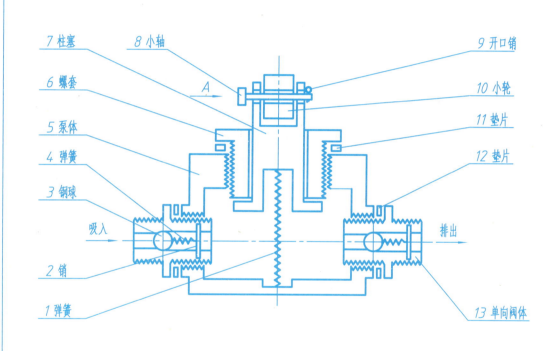

柱塞泵的装配示意图

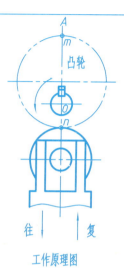

工作原理图

柱塞泵的工作原理

当凸轮旋转时，使柱塞7上下运动，并引起争泵容积变化，致使油压力也随之变化。当凸轮上的n点转至图示位置时，弹簧1的弹力使柱塞7升至最高位置，此时，泵腔容积增大而压力减少，油池中的油在大气压力下流进输油管，并将吸油嘴的单向阀打开，油进入泵腔，在这段时间内，出油嘴中的单向阀是关闭的。在凸轮转动半圈的过程中，柱塞7被往下压直至最低位置，使泵腔容积逐渐减小而油压逐渐升高，此时高压油冲开排油嘴单向阀门，压力油经输油管送至各使用部位。凸轮连续旋转，则柱塞7就不断作往复运动，从而将油不断地吸进和压出。

参考动画

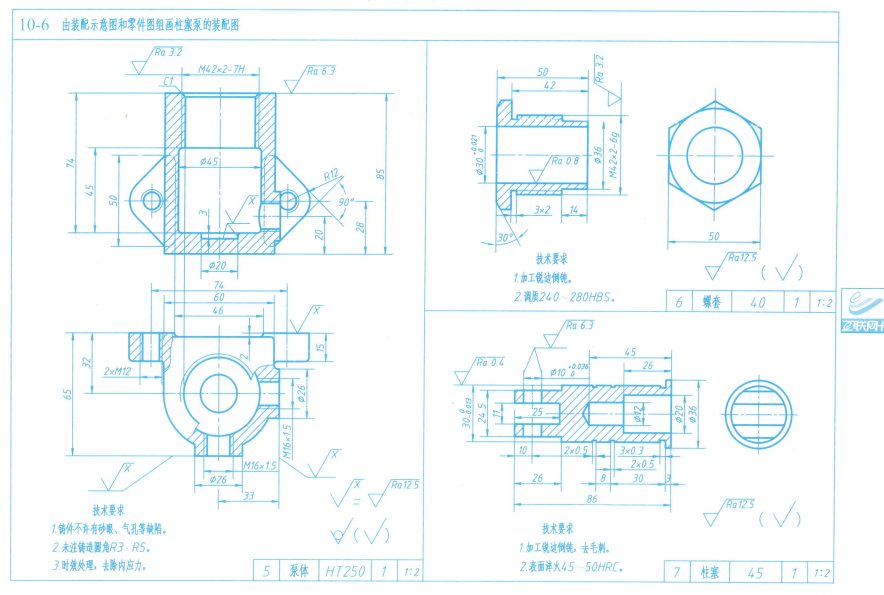

第10章 装配图

10-6 由装配示意图和零件图组画柱塞泵的装配图

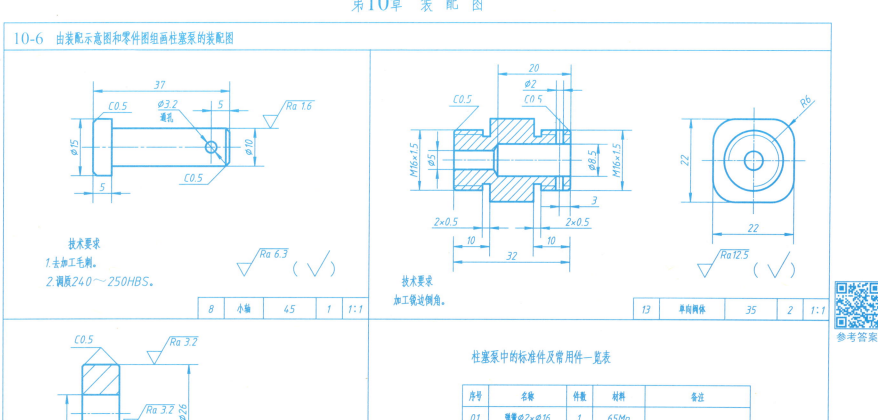

第10章 装配图

10-7 由装配示意图和零件图组画管钳的装配图

1. 作业目的

熟悉和掌握装配图的内容及装配图表达方法。

2. 作业内容和要求

(1) 依据管钳的装配示意图(见下页),弄懂管钳的工作的原理。

(2) 仔细阅读管钳的零件图,想象各零件的形状,然后想象出整个装配体的形状。

(3) 选择管钳的合理表达方案,将管钳的工作原理和装配关系表达清楚。

(4) 参照装配示意图,拼画出管钳的装配图。

(5) 用A3图纸,按1∶1的比例绘制装配图。

3. 注意事项

(1) 绘图时注意先留出标题栏和明细栏的位置,然后根据所选的表达方法,画好作图基准线。

(2) 一定要弄清楚管钳的工作原理及各个零件连接关系,比如哪些零件是螺纹连接,哪些零件是配合的,哪些是接触面,哪些是非接触面留有间隙的,等等。

(3) 对标准件要按照国家标准规定的近似比例画法来画。

(4) 应注意相邻零件的剖面线方向不同或间隔不等。

(5) 技术要求:①装配后,转动手柄时,钳口上下移动应灵活,无爬行和卡死现象;②非加工表面喷黑色皱纹漆。

(6) 编好零件序号,并填好明细栏和标题栏。

参考答案

班级_____ 姓名_____ 学号_____

第10章 装配图

10-7 由装配示意图和零件图组画管钳的装配图

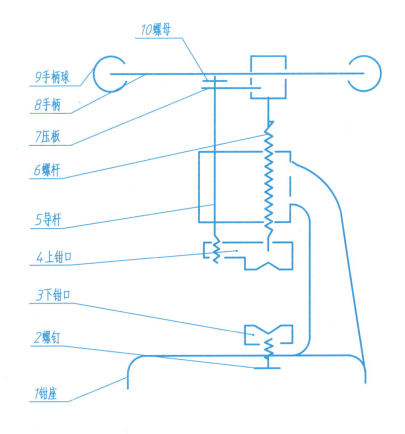

管钳的装配示意图

工作原理

  管钳是一种夹紧管件的工具。使用时转动手柄8，由于导杆5与螺杆6及压板7联动，使螺杆和导杆可带动上钳口4上下移动，用以松开或夹紧管件。导杆与上钳口用螺纹连接，下钳口3与钳座1用螺钉2连接。

管钳中的标准件及常用件一览表

序号	名称	件数	备注
2	螺钉M6×12	2	GB/T 67—2008
10	螺母M8	1	GB/T 119.1—2000

第10章 装配图

10-7 由装配示意图和零件图组画管钳的装配图

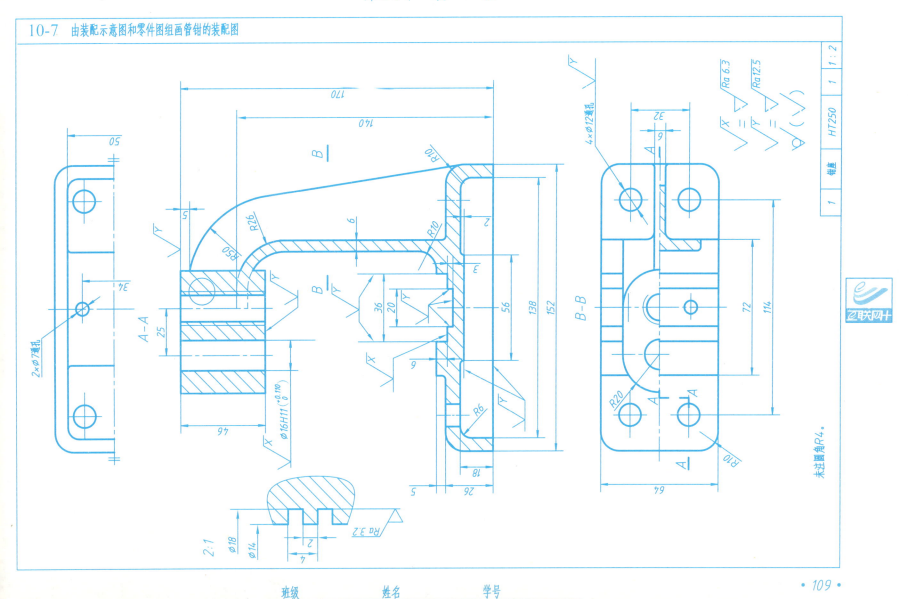

第10章 装配图

10-7 由装配示意图和零件图组画管钳的装配图

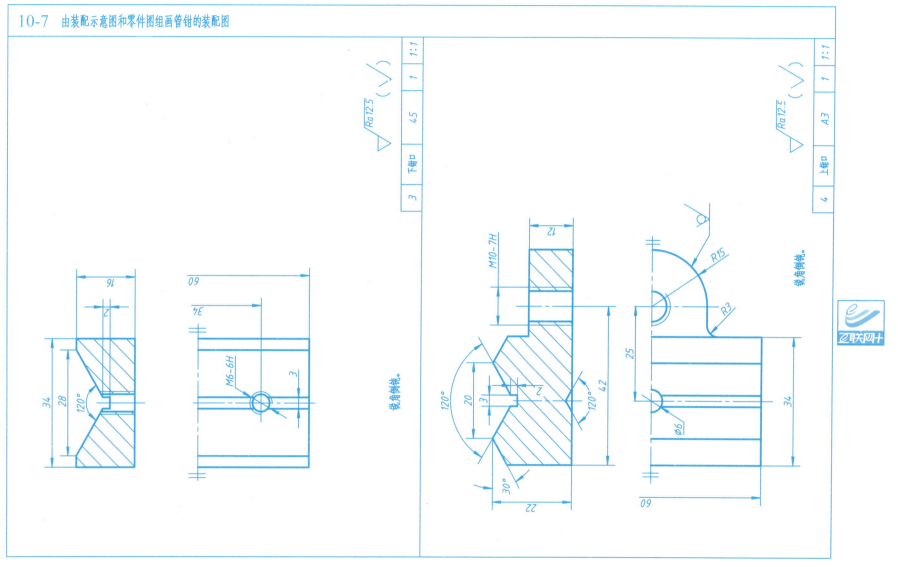

第10章 装配图

10-7 由装配示意图和零件图组画管钳的装配图

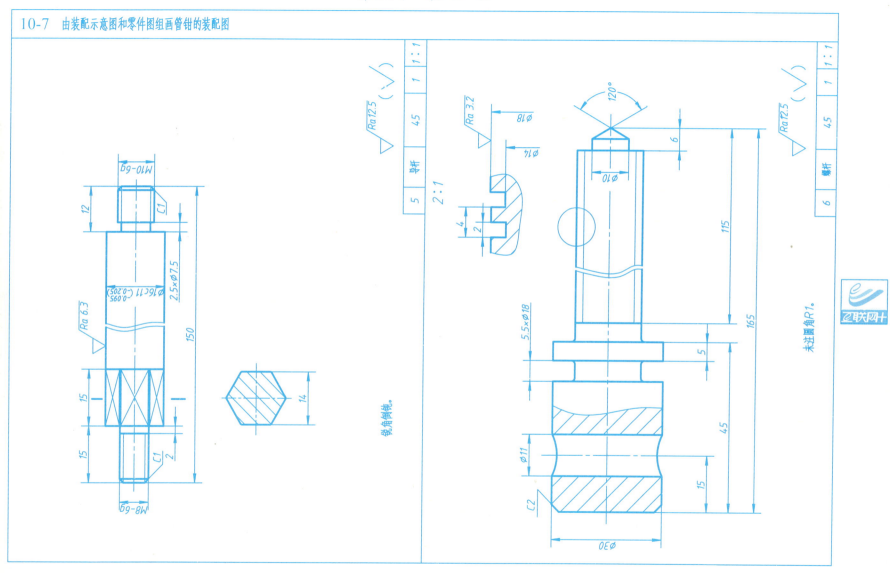

第10章 装配图

10-7 由装配示意图和零件图组画管钳的装配图

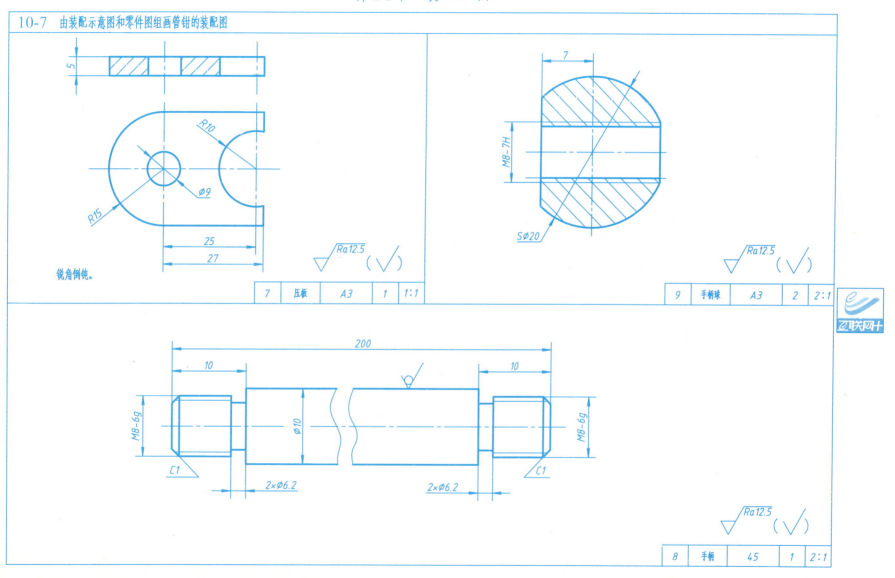

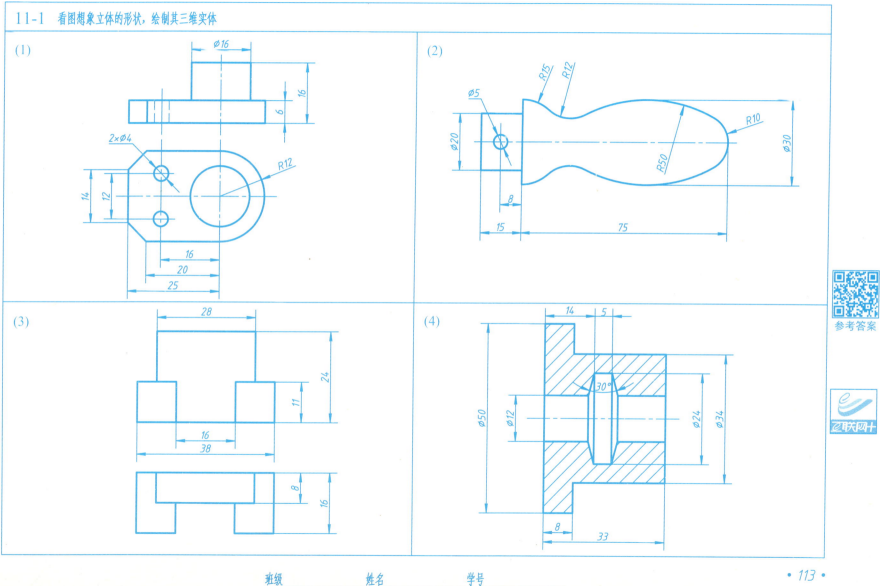

第11章 三维绘图基础

11-1 看图想象立体的形状，绘制其三维实体

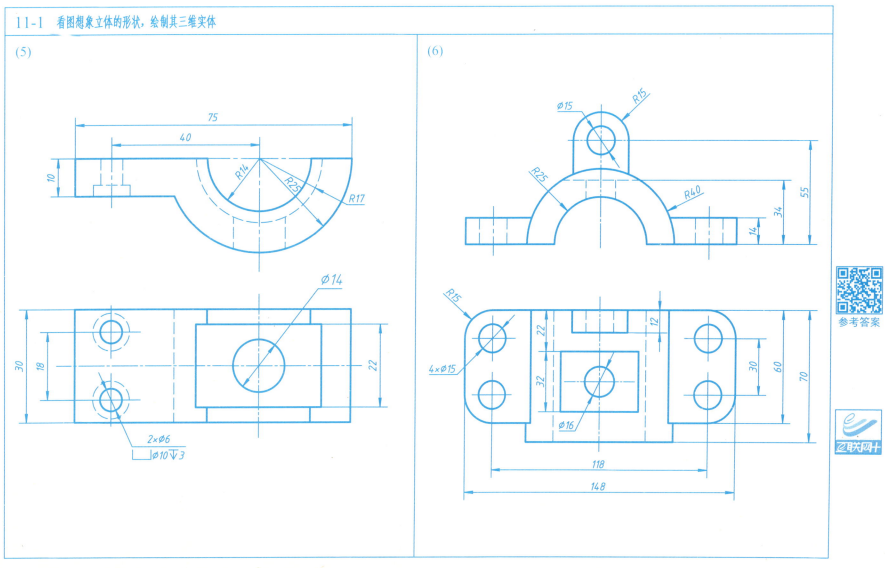

第11章 三维绘图基础

11-1 看图想象立体的形状，绘制其三维实体

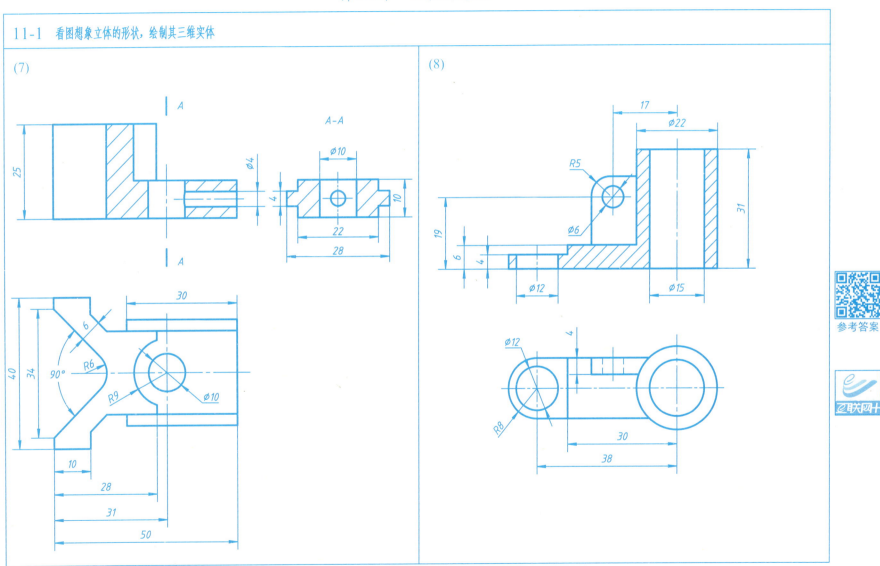

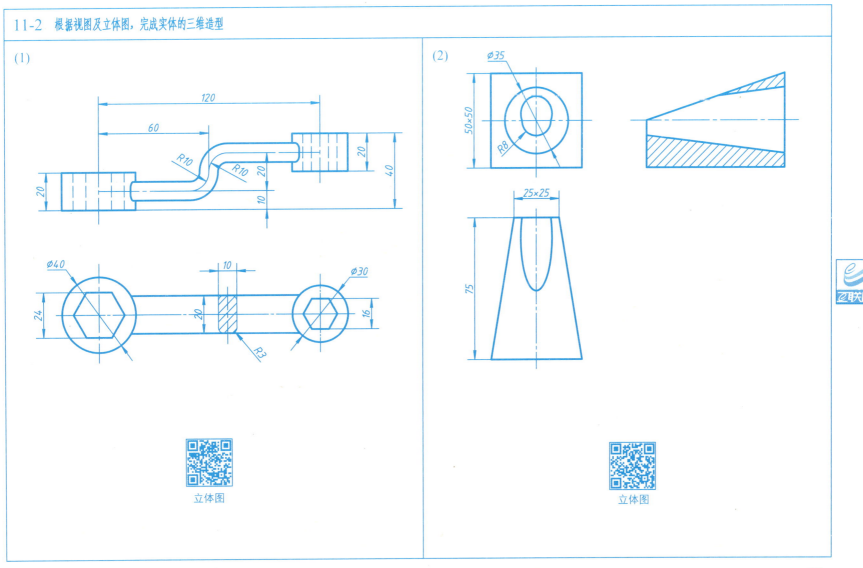

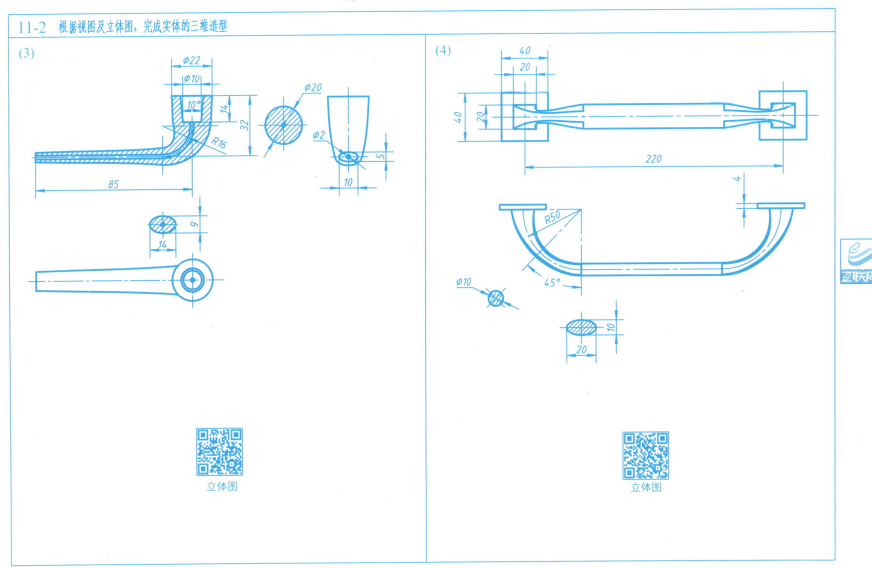

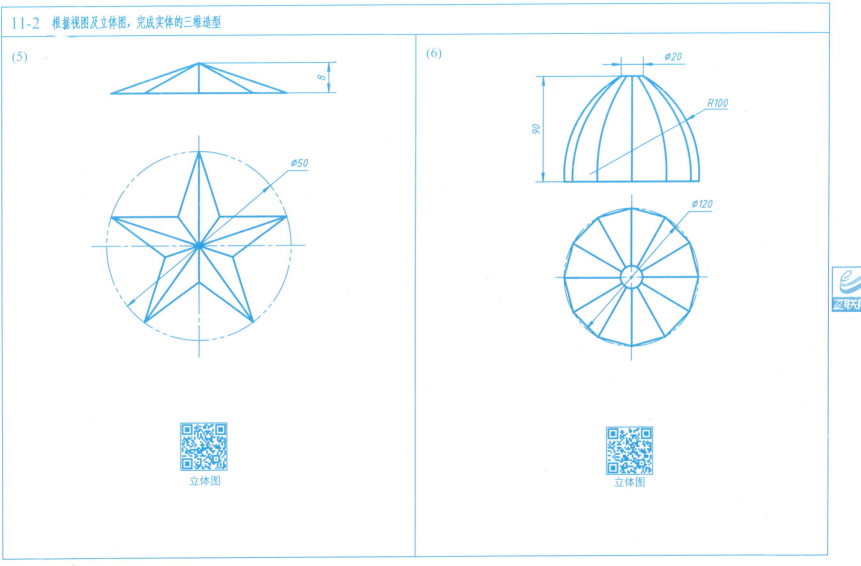

第11章 三维绘图基础

11-3 实体建模及编辑工程图

1. 按零件图创建零件的实体模型(螺纹的造型省略不做),在布局中设置A4图幅,将三维实体转换为二维图形,形成下图所示零件图,并抄注尺寸及技术要求。

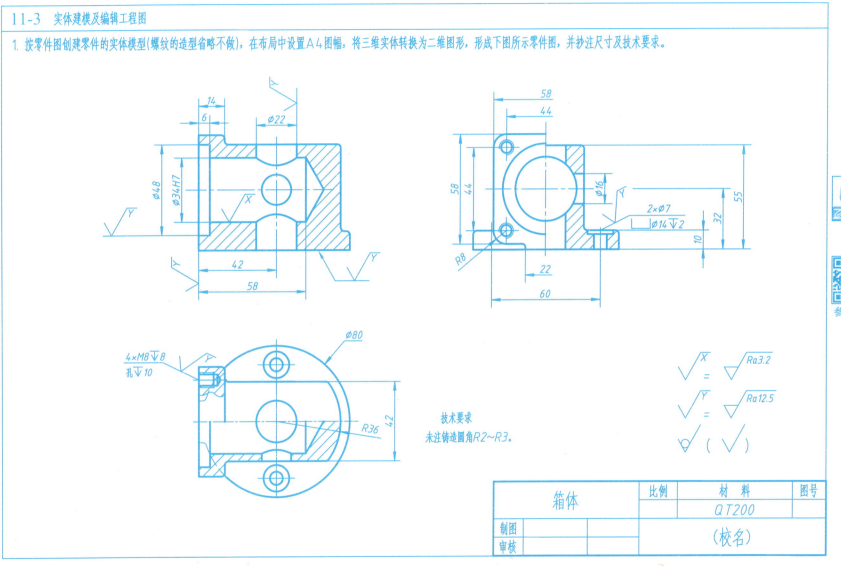

第11章 三维绘图基础

11-3 实体建模及编辑工程图

2. 按零件图创建零件的实体模型(螺纹的造型省略不做)，在布局中设置A4图幅，将三维实体转换为二维图形，形成下图所示零件图，并抄注尺寸及技术要求。

技术要求
1. 未注圆角R3。
2. 铸件不得有气孔、裂纹等缺陷。
3. 铸件退火处理，消除内应力。

拨叉	比例	材料	图号
		HT200	
制图			
审核		(校名)	

班级＿＿＿＿ 姓名＿＿＿＿ 学号＿＿＿＿

参考答案

第11章 三维绘图基础

11-3 实体建模及编辑工程图

3. 按零件图创建零件的实体模型(螺纹的造型省略不做),在布局中设置A3图幅,将三维实体转换为二维图形,形成下图所示零件图,并抄注尺寸及技术要求。

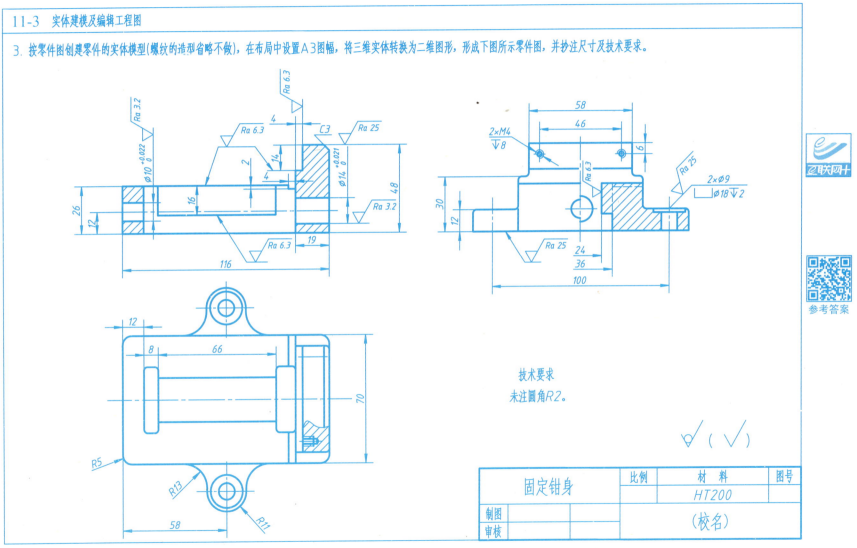

技术要求

未注圆角R2。

固定钳身　　材料 HT200

第11章 三维绘图基础

11-4 按要求完成曲面造型

1. (1) 按下图所示形状和尺寸作出曲面造型，保留母线。
   (2) 曲面经线数取36，纬线数取36。
   (3) 在布局中设置A4图幅，并建立四个视口，分别为主视、左视、俯视和西南等轴测视口。

2. (1) 按下图所示形状和尺寸作出曲面造型，上部为喉圆，下部为球面，保留母线。
   (2) 曲面经线数取24，纬线数取12。
   (3) 在布局中设置A4图幅，并建立四个视口，分别为主视、左视、俯视和西南等轴测视口。

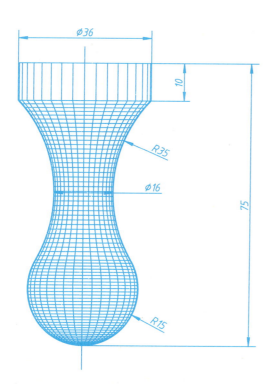

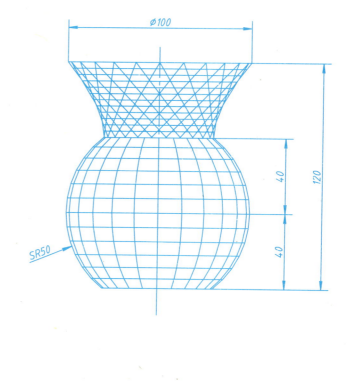

参考答案

第11章 三维绘图基础

11-4 按要求完成曲面造型

3. (1) 打开样板文件，按下图所示形状和尺寸作出曲面造型，保留母线。
   (2) 曲面经线数取36，纬线数取6。
   (3) 在布局中设置A4图幅，并建立四个视口，分别为主视、左视、俯视和西南等轴测视口。

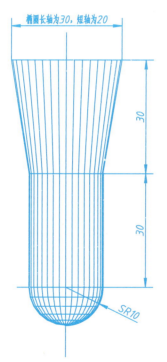

4. (1) 按下图所示形状和尺寸作出曲面造型，保留母线。
   (2) 曲面经线数取36，纬线数取12。
   (3) 在模型空间设置A4图幅，并建立四个视口，分别为主视、左视、俯视和西南等轴测视口。

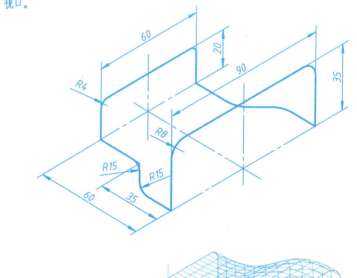

参考答案

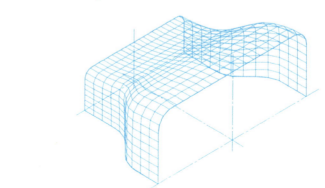

第11章 三维绘图基础

11-4 按要求完成曲面造型。

5. (1) 按下图所示形状和尺寸作出曲面造型，保留母线。
   (2) 曲面经线数取72，纬线数取36。
   (3) 在模型空间设置A4图幅，并建立四个视口，分别为主视、左视、俯视和西南等轴测视口。

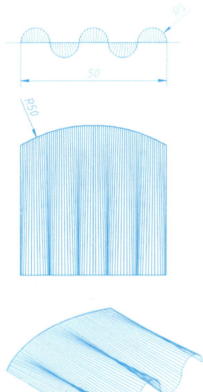

6. (1) 按下图所示形状和尺寸作出曲面造型，∅30是喉圆直径。
   (2) 曲面经线数取24，纬线数取6。
   (3) 在模型空间设置A4图幅，并建立四个视口，分别为主视、左视、俯视和西南等轴测视口。

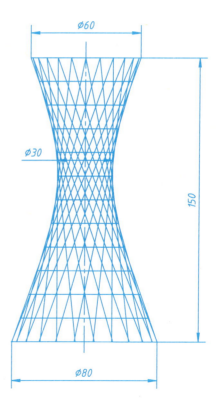

第 11 章　三维绘图基础

11-5　三维装配

打开 11-5.dwg 文件，参考本习题集 10-5 蝴蝶阀的装配图，将各零件装配好(数量不够的可自行复制)，对阀体进行剖切，并移开左半部分。

参考答案

计算机辅助设计绘图员(中级)
技能鉴定试题(机械类)

题号：样卷_01

考试说明：
1. 本试卷共 7 题。
2. 考生需按考评员的要求，登录进入考试系统。
3. 依次下载相应的图形文件，按题目要求在其上作图，完成后仍然以原来图形文件名保存作图结果，然后上传到考试系统。
4. 考试时间为 180 分钟。

一、基本设置(8分)
打开图形文件 A1.dwg，在其中完成下列工作：
1. 按以下规定设置图层及线型，并设定线型比例。绘图时不考虑图线宽度。

图层名称	颜色(颜色号)	线型
01	白 (7)	实线 Continuous (粗实线)
02	绿 (3)	实线 Continuous(细实线)
04	黄 (2)	虚线 ACAD_ISO02W100
05	红 (1)	点画线 ACAD_ISO04W100
07	粉红 (6)	双点画线 ACAD_ISO05W100
08	绿 (3)	实线Continuous(尺寸标注、投影连线)
10	绿 (3)	实线Continuous(剖面符号及剖面线)
11	绿 (3)	实线Continuous(文本、技术要求)

2. 按 1：1 比例设置 A3 图幅(横装)一张，留装订边，画出图框线(图纸边界线已画出)。

3. 按国家标准的有关规定设置文字样式(样式名为"机械样式"，包含"gbeitc.shx"和"gbcbig.shx"字体)，然后画出如下图所示的标题栏，并填写各栏内容，不标注尺寸。

(图样名称)		(材料标识)	
考生姓名		题号	A1
准考证号码		比例	1：1

二、按 1：1 比例作出下图，不标注尺寸。(10分)

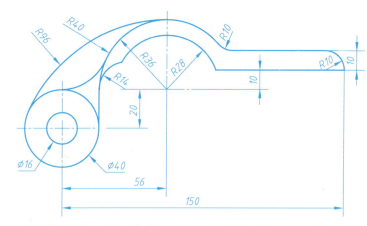

参考答案

绘图前先打开图形文件 A2.dwg，该图已作了必要的设置，可直接在其上作图，作图结果以原文件名保存。

三、根据已知立体的两个投影作出第三个投影。(10分)

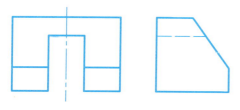

绘图前先打开图形文件 A3.dwg,该图已作了必要的设置,可直接在其上作图,作图结果以原文件名保存。

四、把下图所示立体的主视图画成半剖视图,左视图画成全剖视图。(10分)

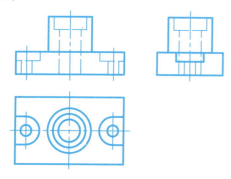

绘图前先打开图形文件 A4.dwg,该图已作了必要的设置,可直接在其上作图,主视图的右半部分取剖视。作图结果以原文件名保存。

五、画零件图(附图1)(50分)

具体要求:

1. 画两个视图。绘图前先打开图形文件 A5.dwg,该图已作了必要的设置。

2. 按国家标准有关规定,设置机械图尺寸标注样式(样式名为"机械")。

3. 标注 A—A 剖视图的尺寸与表面粗糙度代号(表面粗糙度代号要使用带属性的块的方法标注,块名为"RA",属性标签为"RA",提示为"RA")。

4. 不画图框及标题栏,不用注写右下角的表面粗糙度代号及"未注圆角……"等字样。

5. 作图结果以原文件名保存。

六、由给出的齿轮心轴组件装配图(附图 2)拆画零件 1(轴套)的零件图。(12分)

参考答案

具体要求:

1. 绘图前先打开图形文件 A6.dwg,该图已作了必要的设置,可直接在该装配图上进行编辑以形成零件图,也可以全部删除重新作图。

2. 选取合适的视图。

3. 标注尺寸(尺寸样式名为"机械")。如装配图标注有某尺寸的公差代号,则零件图上该尺寸也要标注上相应的代号。不标注表面粗糙度符号和形位公差符号,也不填写技术要求。

附加题:将第 3 角投影视图改为第 1 角投影视图。(10分)

绘图前先打开图形文件 A7.dwg,该图已作了必要的设置,可直接在其上作图,作图结果以原文件名保存。

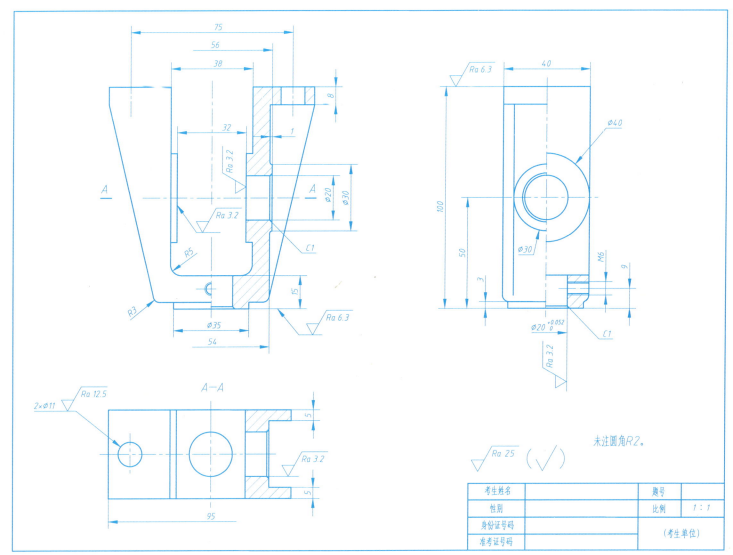

附图1

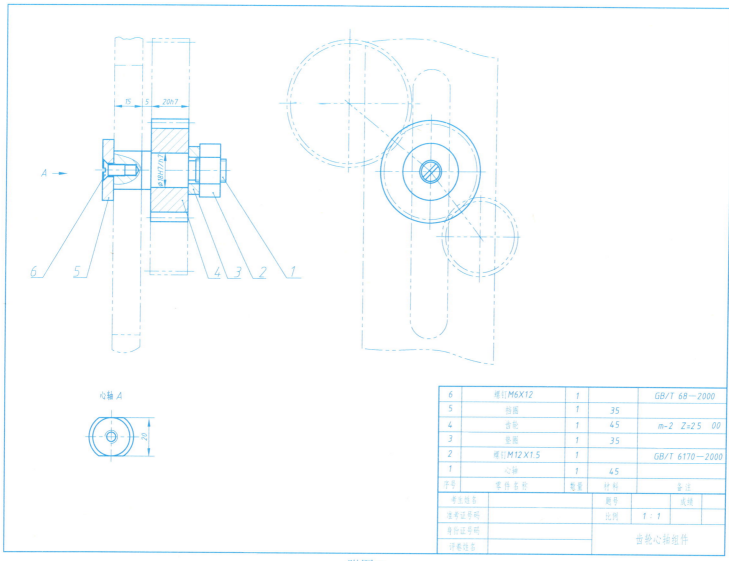

附图 2

计算机辅助设计高级绘图员技能鉴定试题 B(第一卷)

机械类　题号：CADH1

(单号考生专用卷)

考试说明：

1. 技能鉴定分两卷进行，本试卷为第一卷，共两题，考试时间为 180 分钟。

2. 考生须在考评员指定的硬盘驱动器下建立一个考生文件夹，文件夹名为考生考号后八位数字。

3. 考生根据考评员指定的目录下，查找"高级绘图员(机械第一卷 B).exe"文件，并双击文件，将文件解压到考生文件夹中，解压密码为 Cadh1 (注意字母大小写)。

4. 所有图纸的标题栏各栏目均要填写，未填写完整的题不评分。

一、根据两个视图，画出俯视图，将主视图改画为全剖视图(40 分)

要求：

1. 请打开 CADH1-1.dwg 文件，如图 CADH1-1 所示，根据已给物体两个视图，画出俯视图，将主视图改画为全剖视图。

2. 作图要准确，符合国家标准的规定，投影关系要正确。

3. 完成后，仍以 CADH1-1.dwg 为文件名存入考生文件夹中。

二、由装配图拆画零件图(60 分)

图 CADH1-2 所示为柱塞泵的装配图。

要求：

1. 请打开 CADH1-2.dwg 文件，根据所给的装配图，拆画出阀体(10)、下阀瓣(11) 的零件图，装配图上没有提供的资料，应自行设定。

2. 设置一个 A3 图幅的布局，以阀体命名这个布局。将阀体零件图以 1∶1 的比例放置其中。不标注零件尺寸、公差代号、表面粗糙度代号。

3. 设置一个 A4 图幅的布局，以下阀瓣命名这个布局。将下阀瓣零件图以合适比例放置其中；并标注零件尺寸、公差代号、表面粗糙度代号。零件尺寸从装配图中测量，公差代号和表面粗糙度代号的数值自定。

4. 各零件图按需要可作合适的剖视图、断面图等。

5. 完成后，仍以 CADH1-2.dwg 为文件名，保存到考生文件夹中。

工作原理

柱塞泵是输送液体的增压设备。由传动机构带动柱塞按 A 向移动时，泵体内空间增大，压力降低，进口处液体冲开下阀瓣，进入泵体，此时上阀瓣是关闭的(图 CADH1-2-1)。

当柱塞按 B 向移动时，泵体内空间减小，液体受压，压住下阀瓣，关闭进口，冲开上阀瓣，使液体由出口流出(图 CADH1-2-2)。

柱塞不断往复运动使液体可连续地被吸入和输出。

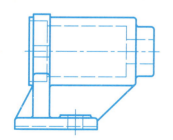
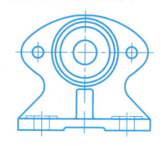

图 CADH1-1

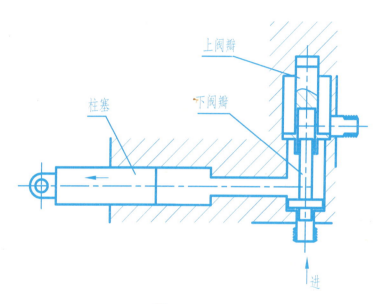

图 CADH1-2-1

图 CADH1-2-2

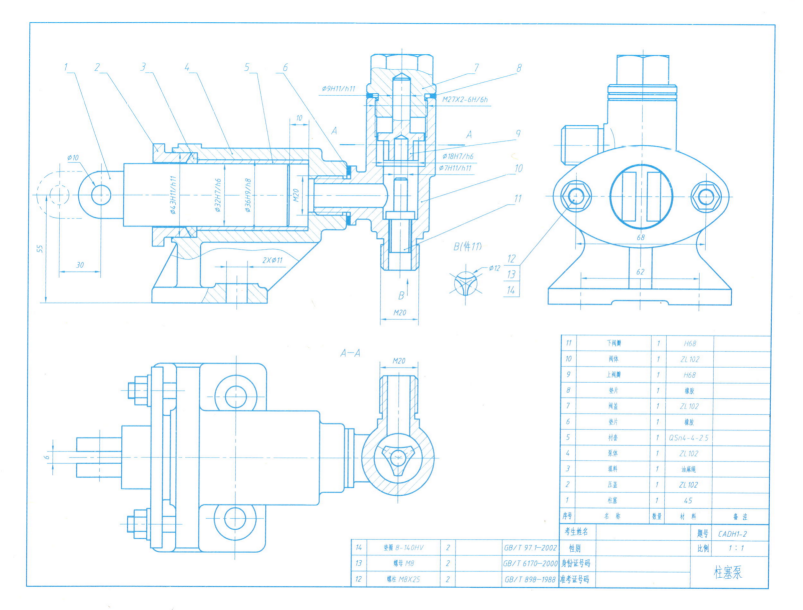

计算机辅助设计高级绘图员
技能鉴定试题B(第二卷)

机械类　　题号：CADH2

(单号考生专用卷)

考试说明：

1. 技能鉴定分两卷进行，本试卷为第二卷，共 5 题，考试时间为 180 分钟。

2. 考生须在考评员指定的硬盘驱动器下建立一个考生文件夹，文件夹名为考号后八位数字。

3. 考生须在考评员指定的目录下，查找"高级绘图员(机械第二卷 B).exe"文件，并双击文件，将文件解压到考生文件夹中，解压密码为 Cadh2 (注意字母大小写)。

4. 所有图纸的标题栏各栏目均要填写，未填写完整的题不评分。

一、实体建模及编辑工程图(60 分)

要求：

1. 打开 CADH2-1.dwg 文件，创建图 CADH2-1 所示零件的实体模型。

2. 设置 A3 图幅的布局，对所创建的实体按零件图的要求生成零件的主、左视图，并作 A—A 剖视图，左视图作题目所示的局部剖视图。

3. 标注左视图上的尺寸，不用标注表面粗糙度代号。

4. 完成操作后，仍以 CADH2-1.dwg 为文件名存入考生文件夹。

二、装配体(10 分)

要求：

1. 打开 CADH2-2.dwg 文件，文件中已提供了零件 7、8、9、11 的三维实体，零件 10 为题一所创造的实体。

2. 根据图 CADH2-2 所示的装配图，组装装配体右部的三维实体，包括零件 7 至零件 11，其中零件 10 作全剖视图。

3. 完成后以原文件名保存在考生文件夹中。

三、曲面造型(10 分)

要求：

1. 打开 CADH2-3.dwg 文件，按图 CADH2-3 所示形状和尺寸作出曲面造型，保留母线。

2. 曲面经线数取 36，纬线数取 12。

3. 在模型空间，设置四个视口，分别为主、左、俯和西南等轴测视口。

4. 不标注尺寸。

5. 完成后，仍以 CADH2-3.dwg 为文件名存入考生文件夹中。

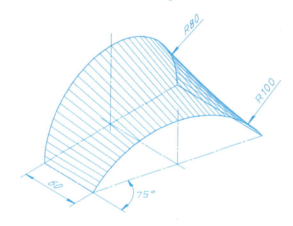

下载资源

图 CADH2-3

四、扫描造型(10 分)

要求：

1. 打开 CADH2-4.dwg 文件，按图 CADH2-4(a)所示，在边长为 100，高度为 100 的正方体上画出拆线，并以直径为 20 的小圆进行扫描，结果如图 CADH2-4(b)所示形状的实体。

2. 完成操作后，仍以 CADH2-4.dwg 为文件名存入考生文件夹中。

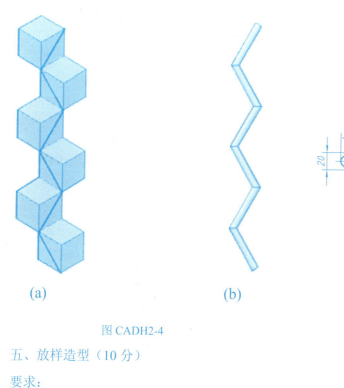

图 CADH2-4

五、放样造型（10 分）

要求：

1. 打开 CADH2-5.dwg，按图 CADH2-5(a)所示图形形状和尺寸，作出图 CADH2-5(b)所示的实体。

2. 完成操作后，仍以 CADH2-5.dwg 为文件名存入考生文件夹中。

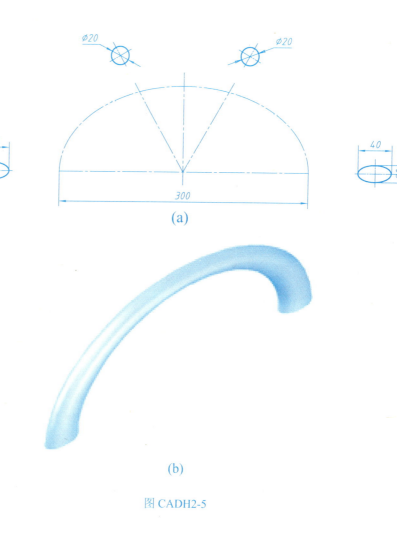

图 CADH2-5

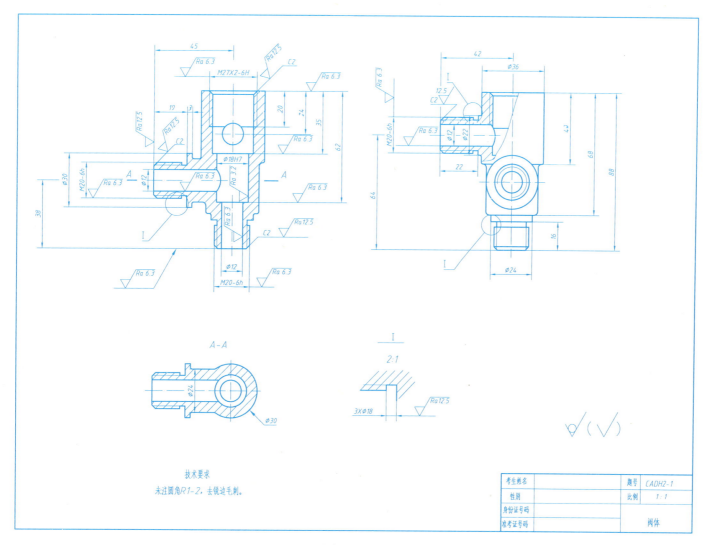

图 CADH2-1

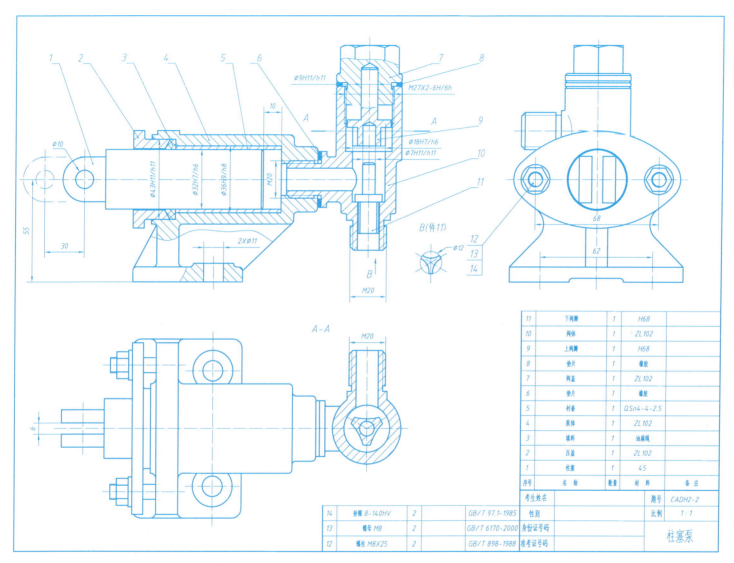

图 CADH2-2

参 考 文 献

[1] 钱可强. 机械制图习题集[M]. 北京：高等教育出版社，2003.
[2] 钱可强. 机械制图习题集[M]. 北京：化学工业出版社，2001.
[3] 宋巧莲. 机械制图与计算机绘图[M]. 北京：机械工业出版社，2007.
[4] 金大鹰. 机械制图习题集[M]. 北京：机械工业出版社，2006.
[5] 胡建生. 工程制图习题集[M]. 2版. 北京：化学工业出版社，2004.
[6] 胡建生. 机械制图习题集[M]. 北京：化学工业出版社，2006.
[7] 叶琳. 工程图学基础教程习题集[M]. 2版. 北京：机械工业出版社，2004.
[8] 杨惠英，王玉坤. 机械制图习题集[M]. 北京：清华大学出版社，2002.